남은 채소,
요리가 된다

다니시마 세이코 지음 | 황세정 옮김

다봄

한 끼 식사에서 다섯 가지 색의 음식을
모두 섭취하면 왠지 안심이 됩니다.
남은 채소, 이렇게 보관하면
식사 준비가 쉽고 간편해집니다.

저는 건강을 위해 한 끼 식사로 '적(赤), 녹(綠), 황(黃), 흑(黑), 백
(白)'의 다섯 가지 색을 띤 음식을 모두 섭취한다는 규칙을 정해 놓고
있습니다. 색의 균형이 곧 영양의 균형이라 믿고 있거든요. 그래서 가능
한 한 다양한 종류의 음식을 먹으려고 노력합니다. 특히 저처럼 혼자
사는 사람은 채소 섭취가 부족해지기 쉬우므로 늘 채소를 챙겨 먹으려
고 하는 편입니다. 식사 때마다 다섯 가지 색의 음식을 모두 챙겨 먹으
면 왠지 안심이 됩니다.

사실 혼자 살다 보면 요리를 할 때마다 늘 식재료가 남아서 고민이랍니
다. 남은 채소를 썩혀 버리는 일도 다반사지요. 그래서 저는 채소가 아
직 싱싱할 때 서둘러 조리거나 말리거나 절여서 저장식을 만듭니다. 장
아찌나 잼처럼 오래 보관할 수 있는 저장식이 아니라, 남은 채소를 단
며칠이라도 오래 저장하기 위한 것이지요. '일단 만들어 두는 저장식'이
라고나 할까요.

우리 집 냉장고나 저장용 선반 위에는 피클 같은 갖가지 저장식을 담은
병이 가득 놓여 있어요. 식사 준비를 하다가 색이 모자랄 때면 곧바로
꺼내어 추가할 수 있게요. 이렇게 하면 쉽고 간편하게 다섯 가지 색을
모두 채울 수 있어요. 그 덕분에 하루도 빠짐없이 채소를 섭취하고 있습
니다.

요리를 하는 도중에, 혹은 설거지를 하는 김에 미리 손질을 해 둔다는
생각으로 여러분도 한번 도전해 보시기 바랍니다.

2

CONTENTS

Part 1

통째로 산 채소가
어중간하게 남았다면

Part 2

쌀 때 한꺼번에 구입한 채소가 잔뜩 있다면

Part 3

요리에 꼭 필요한 훌륭한
조연들이 조금 남았다면

Part 4

향신료나 장식용 채소들이
약간 남았다면

일러두기

• 1컵은 200ml, 1Ts은 15ml, 1ts은 5ml
를 기준으로 한다.

• 전자레인지는 특별히 기재되어 있지
않은 경우 500W를 사용한다. 600W를
사용할 경우에는 표시된 시간을 0.8배로
계산하면 된다.

• 전자레인지나 오븐에 넣는 시간, 찌거
나 굽는 시간은 기종이나 냄비의 종류에
따라 달라질 수 있다.

• 보관기간은 기온, 냉장고의 종류 및 문
의 개폐 횟수 등 여러 조건에 의해 달라
질 수 있으므로 먹기 전에 눈으로 보고
냄새를 맡아 확인하자.

• 고기의 부위가 따로 기재되어 있지 않
을 경우에는 선호하는 부위를 사용하면
된다.

• 간장은 진간장, 소금은 자연염, 설탕
은 백설탕, 올리브오일은 엑스트라 버진
오일, 생크림은 동물성 생크림 가운데
유지방 함량이 45% 이상인 제품을 사용
했다.

'일단 만들어 두는 저장식'의
올바른 보관법

이 책에서 소개하는 것은 남은 채소를 간단히 손질해서 보관하는 방법이다. 기본적인 보관법만 잘 알아 두면 재료의 맛을 오래 유지할 수 있다. 특히 장마철이나 무더운 여름철에는 위생에 더욱 신경 쓰자.

① 재료가 신선한 상태일 때 미리 손질한다

요리에 사용하고 남은 채소는 냉장고에 보관하더라도 신선도가 서서히 떨어진다. 가능한 한 신선한 상태일 때 미리 손질을 해 두어야 싱싱한 맛을 유지할 수 있다.

② 요리가 완전히 식은 뒤에 냉장고에 넣는다

요리를 식지 않은 상태로 냉장고나 냉동실에 넣으면 내부 온도가 상승해서 안에 보관 중인 다른 식품까지 상하게 할 수 있다. 또 뜨거운 열이 남아 있는 상태에서 뚜껑을 닫으면 빨리 식지 않는 데다 보관 용기 안이나 뚜껑에 물방울이 맺혀 위생적인 면에서 좋지 않다. 따라서 요리가 완전히 식은 뒤에 보관한다.

③ 만든 날짜와 내용물을 한눈에 알 수 있게 한다

보관 용기에 넣은 후 라벨에 요리명과 만든 날짜를 적어 붙여 놓으면 편리하다. 뚜껑을 열지 않고도 내용물을 알 수 있고, 보관한 지 며칠이 지났는지 바로 확인할 수 있다.

④ 일반적인 저장 기간

'일단 만들어 두는 저장식'은 오래 저장할 수 있는 식품이 아니므로 가급적 빠른 시일 안에 먹도록 하자. 각각의 저장식 레시피마다 저장 기간을 표시해 두었지만, 실온에 두는 시간이나 냉장고 문을 여닫는 횟수 등 여러 조건에 따라 저장 상태가 달라질 수 있다. 먹기 전에 반드시 눈과 코로 상태를 확인하자.

⑤ 기본적인 손질 방법은 '조리기 · 말리기 · 절이기'

조리거나 말려서 수분을 제거하는 방법, 혹은 기름이나 식초, 소금이나 미소 된장에 절이는 방법 등 간단한 손질 방법을 이용하면 작은 노력만으로도 식품의 보존성을 높일 수 있다.

⑥ 보관 용기는 청결하게

보관 용기가 오염되면 애써 만든 저장식에 세균이 번식해 버린다. 보관 용기를 세제로 깨끗이 닦고, 내열성 용기는 펄펄 끓이거나 뜨거운 물에 담가서 소독한다. 비내열성 용기는 깨끗이 씻어서 미지근한 물에 헹군 다음 깨끗한 행주로 닦아서 건조시킨다. 지퍼백은 재사용하지 않고, 매번 새로 꺼내어 쓰자.

⑦ 보관 용기, 비닐봉지를 구분해서 사용한다

유리로 된 보관 용기는 대부분 전자레인지에 사용할 수 있으며, 냄새가 잘 배지 않고, 내용물을 바로 확인할 수 있다는 장점이 있다. 유리병은 재료를 넣고 흔들면 마리네이드 액이나 드레싱 등을 그 자리에서 만들고 그대로 보관할 수 있어 편리하다. 법랑 용기는 전자레인지에는 사용할 수 없지만, 불에 직접 올리거나 오븐에 넣어 사용할 수 있다. 플라스틱 용기는 가벼운 데다 여러 개를 겹쳐서 보관할 수 있어 편리하다. 지퍼백은 식재료를 넣고 그 위에 조미료를 부어 버무린 후 그대로 보관할 수 있어 각종 절임 요리에 어울린다. 식재료를 으깨거나 갈아서 지퍼백에 넣은 다음 얇고 평평하게 펴서 냉동시켜 두면 요리를 할 때마다 필요한 양만큼만 잘라서 사용할 수 있다.

장국 · 소스 · 드레싱 간단 레시피

손쉽게 만들어 보관할 수 있는 기본적인 소스의 레시피를 소개한다. 시간이 날 때 한꺼번에 만들어 두면 요리를 할 때 요긴하게 쓸 수 있다. 보통 냉장고에서 4~5일, 냉동실에서 두 달 정도 저장할 수 있다.

메밀국수 장국

다시마 우린 물 1ℓ
가쓰오부시 (가다랑어포) 10g
간장 150㎖
맛술 50㎖

22쪽의 '무말랭이 롤찜' 등에 사용

만드는 방법
1. 냄비에 다시마 우린 물을 넣어 끓인다. 물이 펄펄 끓으면 불을 끄고 가쓰오부시를 넣었다가 잠시 후 건져 낸다.
2. 1에 간장과 맛술을 넣고 5분 정도 끓인다.

＊다시마 우린 물 : 물 1ℓ에 가로세로 10cm 크기로 자른 다시마 1조각을 하룻밤 동안 담가 둔다.

가쓰오부시 육수

가쓰오부시 5g
뜨거운 물 2컵

21쪽의 '무말랭이 절임'에 사용

만드는 방법
찻주전자에 가쓰오부시를 넣고 뜨거운 물을 붓는다. 가쓰오부시가 가라앉으면 거름망을 이용해 육수를 걸러 낸다.

닭 육수

닭 날개 1팩(4~5개)
물 1ℓ
대파 (녹색 부분) 1개 분량
저민 생강 2~3장

31쪽의 '단호박 수프' 등에 사용

만드는 방법
1. 닭 날개는 뜨거운 물을 골고루 부은 후 찬물에 헹군다.
2. 냄비에 재료를 넣고 불에 올린다. 물이 펄펄 끓기 시작하면 약불로 줄이고, 거품을 걷어내면서 15~20분 정도 끓인다.

＊대파와 생강으로 향을 낸 만능 육수. 양파나 당근 같은 자투리 채소나 셀러리 잎을 넣어 양식 스타일로 활용할 수도 있다.

허브 빵가루

빵가루 1/2컵
바질 올리브오일 절임(만드는 방법은 101쪽)의 바질 잎 3장
바질 올리브오일 절임의 오일 1ts
파르메산 치즈 1Ts

54쪽의 '돼지호박 구이' 등에 사용

만드는 방법
바질 잎을 잘게 다져 다른 재료와 골고루 섞는다.

＊말린 파슬리나 타임, 세이지, 로즈메리 등 좋아하는 허브를 첨가해도 된다.
＊냉동 보관 가능.

비네그레트 소스

소금 1ts
후추 1/4ts
레몬즙 2Ts
올리브오일 1/2컵

57쪽의 '프로방스풍 마리네이드' 등에 사용

만드는 방법
소금, 후추, 레몬즙을 골고루 섞은 후 소금이 완전히 녹으면 올리브오일을 첨가해 잘 섞는다.

＊레몬즙 대신 와인식초 등을 사용해도 된다.

참치 소스

참치(통조림) 2~3Ts
저민 안초비 2~3개
다진 마늘 1ts
마요네즈 1/2컵
올리브오일 1Ts

17쪽의 '볼리토 미스토'에 사용

만드는 방법
모든 재료를 분쇄기에 넣고 돌린다.

Part1

통째로 산 채소가
어중간하게 남았다면

양배추나 단호박을 사면 한 통을 다 쓰지 못하고 남길 때가 많다.

채소는 일단 한번 자르면 칼날이 닿은 절단면부터 빠르게 상하기 시작하므로

자른 채소는 가능한 한 빨리 저장식으로 만드는 것이 좋다.

양배추가
어중간하게 남았다면

봄 양배추는 부드러워서 양상추 대신 생으로 먹기도 하고, 고추장을 찍어 먹거나
고기에 싸서 먹기도 한다. 열심히 먹었는데도 남았을 경우에는······.

 ## 물에 삶아서 저장하자!

양배추를 물에 삶기

양배추를 물에 삶으면 부피가 줄어
저장하기도 편하고, 먹기에도 부담
없는 양이 된다. 삶은 양배추를 그대
로 짜서 샐러드를 만들어도 된다.
양배추를 삶은 물에는 영양소가 남아
있으므로 버리지 말고 함께 보관하
자. 국물을 각종 국이나 찌개의 육수
로 사용할 수 있다.

재료　양배추 1/4통, 물 1컵,
　　　사과 식초 1ts, 소금 한 자밤

냉장고에서
1주일

 ▷  ▷

양배추를 세로 방향으로 반을 자른다.

냄비에 재료를 넣고 불에 올린다. 물이
끓기 시작하면 약불로 줄이고, 원하는 식
감이 나올 때까지 보글보글 끓인다.

그대로 식힌 후 보존 용기에 국물까지 모
두 담아 냉장고에 보관한다.

양배추 무침

식이섬유가 풍부한 삶은 양배추를 꽉 짜서 그대로 식탁 위에 올려놓자.
양배추는 향이나 맛이 그리 강하지 않아서
간단하게 조리하기만 해도 맛있게 먹을 수 있다.

조리 시간
1분

재료(2인분)

- 삶은 양배추(가볍게 짠 것) 2컵
- 가쓰오부시 적당량
- 간장 약간

만드는 방법

물에 삶은 양배추를 먹기 좋은 크기로 잘라 그릇에 옮겨 담고,
그 위에 가쓰오부시와 간장을 뿌린다.

TIP

입맛에 따라 토핑 재료를 바꾸어도 된다. 양배추 위에 튀김옷 부스러
기를 얹고 진간장을 뿌리거나, 고추장에 버무려 먹어도 맛있다.

13

삶은 양배추로
만든

중국식 샐러드

삶은 양배추를 흑초 드레싱으로 버무려 산뜻한 맛의 중국식 샐러드를
만들어 보자. 볶은 마른 새우의 그윽한 향이 양배추의 단맛과 잘 어우러진다.

조리 시간
5분

*마른 새우를 불리는 시간은 제외.

재료(2인분)

- 삶은 양배추(가볍게 짠 것) 2컵
- 마른 새우 1Ts
- 참깨 약간
- **A**
  간장, 설탕, 흑초, 참기름 각각 1/2Ts

만드는 방법

1 마른 새우는 살짝 헹군 다음 5분 정도 물에 담가 불린 후 굵게 다진다.

2 삶은 양배추는 먹기 좋은 크기로 썬 다음 A에 버무려 그릇에 담는다.

3 1을 참기름(분량 외)에 볶은 후 뜨거운 상태로 2에 얹고 그 위에 참깨를 뿌린다.

TIP
마른 새우를 볶으면 향이 더욱 살아난다. 취향에 따라 대파의 흰 줄기 부분을 가늘게 썰어 올리거나 잣을 뿌려 먹어도 맛있다.

삶은 양배추로
만든

양배추와 굴 부침개

겉은 바삭하고, 속은 쫄깃쫄깃! 양배추가 들어 있다고는 믿을 수 없을 만큼
부드럽다. 삶은 양배추 국물을 반죽에 넣어 양배추의 단맛은 물론
풍부한 영양까지 그대로 담았다.

조리 시간
15분

재료(2인분)

• 반죽
 박력분 100g
 멥쌀가루 2Ts
 참깨 가루 2ts
 삶은 양배추 국물 150ml~

• 속 재료
 삶은 양배추(가볍게 짠 것) 2컵
 다진 김치 6Ts
 쪽파 4개
 굴(가열용) 10~12개

• 참기름 적당량
• 쪽파(장식용), 고추장 적당량

만드는 방법

1 반죽 재료를 잘 섞어 둔다. 굴에 소금을 뿌리고 살살 문
질러 불순물을 제거한 다음 찬물에 헹구고 물기를 빼 둔
다. 삶은 양배추는 먹기 좋은 크기로 썬다. 쪽파는 3cm
길이로 자른다.

2 반죽에 속 재료를 넣고 가볍게 섞는다. 프라이팬에 참기
름을 넣고 달군 뒤 반죽을 넣고 중불에서 굽는다. 겉표면
이 노릇노릇해지면 반대편으로 뒤집은 다음 속까지 완전
히 익으면 건져 낸다.

3 먹기 좋은 크기로 잘라 접시에 담고, 파를 적당히 올려
장식한 후 고추장을 곁들인다.

삶은 양배추로 만든

그라탱

양배추 본연의 맛을 끌어내기 위해 삶은 양배추 국물에 브라운 어니언과 게살 통조림 국물을 넣었다. 닭고기나 쇠고기를 넣으면 더욱 맛있다.

조리 시간
15분

재료(2인분)

• **A**
  삶은 양배추(가볍게 짠 후 먹기 좋은 크기로 썬 것)
  2컵
  삶은 양배추 국물 6Ts
  삶은 마카로니 60g
  브라운 어니언(만드는 방법은 44쪽) 4Ts
  게 다릿살(통조림) 1캔 분량(약 100g)
  게살 통조림 국물 2Ts
  우유 1컵
• 버터, 박력분 각각 1Ts
• 모차렐라 치즈, 빵가루 적당량

만드는 방법

1 버터와 박력분을 볼에 넣고 골고루 반죽해 둔다.

2 냄비에 A를 넣어 불에 올린 후 1을 조금씩 섞어 걸쭉하게 만든다.

3 2를 오븐 용기에 담고 모차렐라 치즈와 빵가루를 골고루 뿌린 다음 오븐이나 오븐 토스터에 넣어 표면이 노릇노릇해질 때까지 굽는다.

＊마카로니는 한 시간 정도 물에 불린 후 끓는 물에 넣고 2～3분 정도 데친다.

볼리토 미스토

이탈리아 전통 스튜

'이탈리아의 어묵' 이라고도 불리는 이탈리아 전통 스튜 볼리토 미스토를 소스에 찍어 먹는다. 덩어리 고기 대신 슬라이스 고기에 싸서 넣으면 익히는 시간을 줄일 수 있다.

조리 시간
20~25분

재료

• **A**
당근 (작은 것) 1개
양파 1개
삶은 양배추 국물에 물 섞은 것 4컵
통후추 5~6알
월계수 잎 1장

• **B**
삶은 양배추 1/4개
쇠고기 슬라이스 4장
소시지 2개
양송이버섯 2개

• 소금 1/4ts
• 참치 소스(만드는 방법은 9쪽) 적당량

만드는 방법

1 당근은 껍질을 벗기고 세로로 4등분한다. 양파는 껍질을 벗겨 4등분한다. 쇠고기 슬라이스는 소금과 후추(분량 외)를 살짝 뿌려 돌돌 만 다음 끝부분을 이쑤시개로 고정한다. 삶은 양배추는 세로로 2등분한다.

2 냄비에 A를 넣어 불에 올린다. 펄펄 끓기 시작하면 중불로 줄인 다음 채소가 부드러워질 때까지 끓인다.

3 B를 넣고 고기가 다 익으면 소금으로 간을 한다. 그릇에 옮겨 담고 참치 소스를 곁들인다.

무가
어중간하게 남았다면

생선조림에 넣기 위해 무 한 개를 통째로 살 때가 종종 있다. 남은 무로 국을
끓여 먹거나 겉절이를 해 먹기도 한다. 열심히 먹었는데도 남았을 경우에는…….

일단 말려서 저장하자!

무말랭이

무를 3시간~반나절 정도 말리면 아
삭아삭한 식감과 진한 맛을 동시에
느낄 수 있다. 수분이 완전히 날아갈
정도로 바싹 말리면 상온에서도 보관
가능하며, 필요할 때마다 조금씩 물
에 불려 사용할 수 있다.
결에 맞춰 세로로 길게 썰거나 옆으
로 둥글게 써는 등 써는 방법에 따라
식감과 맛이 달라진다.

재료   무 적당량

반쯤 말린 무는
냉장고에서
3~4일

완전히 말린 무는
상온에서
1년

무는 필러로 얇게 벗겨도 되고 혹은 둥
글거나 뭉뚝하게 원하는 모양과 크기대
로 썬다.

무를 채반에 가지런히 놓고 바람이 잘
통하는 곳에서 말린다. 말린 무는 지퍼백
등에 담아 보관한다.

맛있고 편리한
말린 채소

베란다에 채반을 매달아 채소를 말린다.

혼자 사는 사람은 무 한 개를 통째로 사면 남기는 일이 허다하다. 쓰고 남은 무는 냉장고에 넣어 두어도 점점 시들기 마련. 이럴 때 무말랭이를 만들면 단맛이 더욱 깊어질 뿐만 아니라 오도독 씹히는 독특한 식감을 즐길 수 있다. 채소를 햇볕에 말리면 영양소도 증가하고, 오래 저장할 수 있다. 토마토나 버섯, 단호박 등 갖가지 채소를 말릴 수 있는데, 수분이 날아가면 단맛이 더욱 깊어져 그대로 먹어도 매우 맛있을뿐더러, 익는 시간도 짧아져서 요리하기도 편하다. 된장국에 넣으면 따로 육수를 낼 필요도 없다.

채소는 바람이 부는 맑은 날에 말리는 것이 가장 좋다. 먹기 좋은 크기로 썰어서 채반에 늘어놓고, 채반 밑으로도 바람이 통하게 올려 둔다. 말리는 시간은 계절이나 장소에 따라 차이가 나므로, 가끔씩 뒤집어가며 잘 마르고 있는지 살펴야 한다. 여름철 직사광선이 내리쬐는 곳에 두어도 괜찮지만, 장마철에는 바람이 잘 통하는 높은 곳에 올려 두어야 한다.

3시간~반나절 정도에 걸쳐 반쯤 말리거나 3~4일에 걸쳐 바싹 말린 후 다양한 요리에 활용해 보자. 반쯤 말린 채소는 냉장고에서 3~4일, 완전히 말린 채소는 상온에서 1년 정도 보관할 수 있지만, 되도록이면 빠른 시일 내에 먹는 것이 좋다.

채소를 어떤 요리에 사용할지 미리 생각한 후 알맞은 크기로 잘라 겹치지 않게 늘어놓는다. 파슬리 같은 채소는 줄에 거꾸로 매달아 말린다. 빨래집게로 꽂아도 좋다.

무 밀푀유 스테이크

담백한 맛을 내는 무는 의외로 기름과 잘 어울린다. 무를 버터에 볶기만 해도
맛있다. 무말랭이의 오도독 씹히는 맛이 충분한 만족감을 선사한다.

조리 시간
10분

*무말랭이를 불리는 시간은 제외.

재료(2인분)

• 무말랭이(0.5cm~1cm 두께로 둥글게 썬 것) 6
장
• 토마토(무와 같은 두께로 둥글게 썬 것) 4장
• 생햄 4장
• 버터 1/2Ts
• 바질 올리브오일 절임(만드는 방법은 101쪽)
적당량

만드는 방법

1 무말랭이를 물에 담가 불린 다음 손으로 짜서 물기를 뺀다.

2 프라이팬에 버터를 넣고 달군 뒤 1을 높은 온도에서 빠르게
조리한다. 무가 노릇노릇하게 익으면 토마토를 함께 넣어 살
짝 익힌다.

3 그릇에 2와 생햄을 무. 생햄, 토마토의 순서대로 겹쳐 쌓고
그 위에 바질 올리브오일 절임의 바질 잎을 올린다. 마지막으
로 바질 올리브오일 절임의 오일을 뿌린다.

무말랭이 절임

두껍고 길게 썰어 말린 무는 절임 요리에 잘 어울린다.
된장에 넣어 장아찌를 만들거나 단식초 양념에 절여도 잘 어울린다.

조리 시간
10분

＊무말랭이를 불리는 시간과 절이는 시간은 제외.

재료(2인분)

• 무말랭이(두껍고 길게 썬 것) 4개
• 가쓰오부시 육수(만드는 방법은 9쪽) 1컵

• 절임 양념
  설탕 1ts
  간장 3Ts
  식초 2Ts
  참기름 1Ts
  홍고추(씨를 빼고 둥글게 썬 것) 약간

만드는 방법

1 무말랭이를 찬물에 담가 불린 다음 가쓰오부시 육수에 살짝 조린다. 그대로 식혀 육수가 무말랭이에 배게 한다.

2 지퍼백에 1의 무와 절임 양념을 넣어 1시간 이상 절인다.

TIP

무말랭이의 크기가 작을 경우에는 가쓰오부시 육수에 조리는 과정을 생략해도 된다. 물에 불려 곧바로 양념에 절여도 충분한 맛을 낼 수 있다.

무말랭이로
만든

무말랭이 롤찜

세로로 얇게 벗겨 집에서 직접 말린 무말랭이로 롤찜을 만들면
국물에 오랜 시간 조려도 아삭아삭한 식감이 그대로 살아 있다.

조리 시간
20분

＊무말랭이를 불리는 시간은 제외.

재료

• 무말랭이(필러로 얇게 벗긴 것) 6장(폭이 좁은
것은 12장)
• 유부 2장

• A
메밀국수 장국(만드는 방법은 9쪽) 1컵
찬물 1컵

• 설탕 적당량
• 무 잎 적당량

만드는 방법

1 무말랭이를 찬물에 담가 불린 다음 물기를 짠다. 유부는 뜨
거운 물을 부어 기름기를 뺀 다음 삼면을 잘라 가늘고 긴 모양
으로 펼친다.

2 무말랭이를 가지런히 펼쳐 놓은 다음 위에 유부를 올리고
김밥을 싸듯이 둘둘 만다. 끝부분은 이쑤시개로 고정한다.

3 냄비에 A를 넣고 입맛에 맞게 설탕을 넣은 다음 2를 넣고
보글보글 끓인다. 이쑤시개를 빼고 먹기 좋은 크기로 썰어 그
릇에 담고 무 잎으로 장식한다.

반건조 무말랭이와 돼지고기 캐러멜 찜

조리 과정이 복잡할 것 같아 보이지만, 무말랭이를 사용하면 짧은 시간 동안 조리기만 해도 진한 맛을 낼 수 있다.

조리 시간
20분

*무말랭이를 불리는 시간은 제외.

재료(2인분)

- 반건조 무(세로로 6등분) 2개(약 200g)
- 돼지고기 목심 200g
- 대파 1/2개
- 생강 1조각

- 캐러멜 소스
  샐러드유 1ts
  설탕 1Ts

- 닭 육수 2컵

- 조미료
  간장 1Ts
  설탕 1Ts

- 물녹말 적당량

만드는 방법

1 반건조 무를 찬물에 불린 다음 먹기 좋은 크기로 썬다. 대파는 큼직큼직하게 썰고, 생강은 얇게 저민다. 돼지고기는 무와 비슷한 크기로 썬다.

2 중국식 프라이팬을 뜨겁게 달군 후 샐러드유를 붓는다. 여기에 설탕을 넣고 타지 않게 잘 저어 가며 캐러멜 소스를 만든 다음 돼지고기를 넣어 골고루 묻힌다. 닭 육수와 반건조 무, 대파, 생강을 함께 넣고 푹 삶는다.

3 거품을 걷어 내고, 조미료를 넣어 조린다. 국물이 모자라면 닭 육수(분량 외, 또는 물)를 넣어 가며 고기가 부드러워질 때까지 조린다. 싱거우면 조미료를 첨가한 후 물녹말을 넣어 농도를 맞춘다.

배추가
어중간하게 남았다면

잎의 끝부분은 시들기 전에 서둘러 샐러드에 넣어 먹는다. 흰 부분은 볶음이나
국, 전골 요리에 넣어 먹는다. 열심히 먹었는데도 남았을 경우에는…….

 ## 소금에 절여서 저장하자!

절임배추

배추를 소금에 절여 두기만 해도 그
럴 듯한 반찬이 된다. 배추절임을 좋
아한다면 여기에 다시마나 홍고추를
곁들여 보자.
소금에 절이면 배추에서 수분이 빠져
나와 부피가 줄어들어 보관하기도 편
하다.
배추절임의 국물은 염분을 포함하고
있어 만둣국을 만들 때 사용할 수 있
다.

재료   배추 1/4 통
굵은 소금 – 배추 무게의 약 3%(예: 배추가 500g이라면 소금은 15g 정도)

냉장고에서
2주일~
한 달

배추의 심을 제거한 후 4~5cm 길이로
큼직하게 썬다.

볼(또는 지퍼백)에 배추를 담고, 중량의
약 3%에 해당하는 소금을 준비한다.

소금을 넣고 간이 골고루 배도록 손으로
버무린 후 냉장고에 보관한다.

절임배추로 만든

중국식 단식초 절임

절임배추에 식초와 설탕, 참기름을 넣어 냉장고에 넣어 두기만 하면 2주 정도 더 오래 보관할 수 있다.

재료(만들기 쉬운 분량)

- 절임배추(흰 부분) 200g
- 채 썬 생강 1/2조각 분량

- 단식초
  식초 4Ts
  설탕 2Ts
  참기름 1Ts

만드는 방법

1 소금에 절인 배추를 찬물로 헹군 다음 손으로 꽉 짜서 물기를 뺀다. 물기를 뺀 배추와 생강을 볼에 함께 담는다.

2 작은 냄비에 단식초의 재료를 넣고 끓이다가 1을 넣는다. 완전히 식으면 보관 용기에 담아 냉장고에 넣어 차갑게 식힌다.

TIP
만든 날 바로 먹어도 되고, 며칠 기다렸다가 먹어도 된다. 며칠 동안 배추에 양념이 진하게 배어 들면 갓 만들었을 때와 전혀 다른 맛을 느낄 수 있다.

간단한 김치

절임배추로 만든

절임배추에 간단히 만든 김치소를 넣어 버무렸다. 맛을 보며 입맛에 따라 양념을 조절하자. 담근 후 바로 먹어도 맛있고, 양념이 어느 정도 밴 후에 먹어도 맛있다.

조리 시간
5분

재료

• 절임배추 200g

• 간단한 김치소
  고추장 2Ts
  미소 된장 1Ts
  메밀국수 장국(만드는 방법은 9쪽) 1Ts
  벌꿀 2ts
  다진 마늘 1ts
  참기름 1ts
  참깨 가루 1ts

만드는 방법

1 김치소의 재료를 골고루 섞는다.

2 소금에 절인 배추를 찬물로 헹군 다음 손으로 꽉 짜서 물기를 뺀다.

3 2를 지퍼백에 넣고 1을 2Ts 정도 넣은 다음 양념이 골고루 배도록 손으로 지퍼백을 주무른다.

러시아 만두

다진 고기를 볶는 과정을 생략하기 위해 고기 대신 베이컨을 사용했다.
반죽을 조금 두껍게 만들면 밥을 따로 먹지 않아도 든든한 한 끼 식사가 된다.

조리 시간
20분

*반죽을 숙성시키는 시간은 제외.

재료(12개 분량)

• 반죽
  박력분 75g
  강력분 75g
  소금 1/4 ts
  찬물 90~100㎖

• 소
  절임배추 200g
  두껍게 썬 베이컨 1장
  후추 약간

• 월계수 잎 1장
• 파르메산 치즈 적당량
• 올리브오일 적당량

만드는 방법

1 밀가루를 체에 쳐서 볼에 담고 소금과 물을 부어 손으로 골고루 섞어 반죽한다. 반죽이 완성되면 비닐봉지에 담아 냉장고에서 2~3시간 숙성시킨다.

2 절임배추는 찬물로 헹군 다음 손으로 짜서 물기를 빼고 잘게 다진다. 두껍게 썬 베이컨을 잘게 썰어 배추와 섞은 다음 입맛에 따라 후추를 첨가한다.

3 1을 밀대로 밀어 두께가 2mm가 되도록 편다. 지름이 9cm인 원형 틀로 만두피를 찍어낸 다음 만두피 위에 소를 올려 만두를 빚는다. 물에 월계수 잎을 넣어 끓인 다음 만두를 넣어 2~3분 동안 삶은 후 체로 건져 물기를 털어 낸다. 그릇에 옮겨 담은 후 입맛에 맞춰 치즈나 오일을 뿌린다.

배추 가리비볶음

자극적이지 않고 담백한 배추에 가리비 관자를 넣어 감칠맛을 더했다.
야키소바 면에 부어 먹어도 맛있다.

조리 시간
15분

재료(2인분)

• 절임배추 200g
• 가리비 관자(통조림) 4개
• 다진 생강 1ts
• 다진 대파 1ts
• 닭 육수에 가리비 통조림 국물 섞은 것 2컵
• 후추, 샐러드유, 참기름 약간
• 물녹말 적당량
• 구기자 열매, 고수 잎 적당량

만드는 방법

1 절임배추는 찬물로 헹군 다음 손으로 짜서 물기를 빼고 먹기 좋은 크기로 썬다. 가리비 관자는 두 개만 장식용으로 남기고, 나머지는 손으로 찢는다.

2 냄비에 샐러드유를 넣고 달군 뒤 생강과 대파를 볶는다. 향이 올라오기 시작하면 배추를 넣어 살짝 볶는다. 닭 육수와 가리비 통조림 국물을 넣은 다음 배추가 부드러워질 때까지 끓인다.

3 손으로 찢어 둔 가리비 관자를 넣고, 후추와 참기름으로 간을 한 다음 물녹말을 부어 농도를 조절한다. 마지막으로 구기자 열매를 넣고 고수를 올린 다음 장식용으로 남겨 둔 가리비 관자를 얹는다.

시칠리아풍 카레 수프

카레 가루와 오렌지 향을 첨가한 수프.
카레 향과 오렌지 향, 배추의 짠맛이 어우러져 간을 따로 할 필요가 없다.

조리 시간
15분

재료(2인분)

- 절임배추(물기를 짠 것) 1컵(약 40g)
- 다진 셀러리 2Ts
- 올리브오일 1ts
- 브라운 어니언(만드는 방법은 44쪽) 1Ts
- 카레 가루 1ts
- 닭 육수(만드는 방법은 9쪽) 또는 물 1컵
- 껍질째 둥글게 썬 오렌지 적당량
- 소금 적당량

만드는 방법

1 냄비에 올리브오일을 넣고 달군 뒤 셀러리를 볶는다.

2 1에 오렌지를 제외한 모든 재료를 함께 넣어 끓인다. 맛을 본 후 소금으로 간을 한다.

3 마지막으로 오렌지를 곁들인다.

단호박이
어중간하게 남았다면

영양 만점 단호박은 껍질까지 보관해 두었다가 남기지 않고 싹싹 먹을 수 있다.
씨는 볶아서 과자처럼 먹기도 한다.

 ## 삶아서 으깨어 저장하자!

삶아서 으깬 단호박

물론 껍질을 벗기지 않고 함께 삶아
서 으깨도 되지만, 이 책에서는 따로
사용해 보았다. 껍질에도 영양소가
풍부하므로 버리지 말고 요리해 보자
(33쪽).
단호박을 찌면 포실포실하게 잘 으깨
지지만, 늙은호박은 원래 수분이 많
이 함유되어 있어서 찌면 물기가 많
이 생긴다.

재료　　단호박 1/4 통

냉장고에서 4~5일 / 냉동실에서 두 달

단호박은 씨와 섬유질을 제거한 후 절반
으로 자르고 랩으로 싸서 전자레인지에
2~3분간 돌린다.

▷

식칼이 쉽게 들어갈 정도로 익으면 껍질
을 벗기고, 다시 한 번 랩으로 싸서 부드
러워질 때까지 전자레인지에 돌린다.

▷

랩을 벗기고 볼에 담은 후 식기 전에 포
크로 으깬다.

삶아서 으깬
단호박으로 만든

단호박 수프

삶아서 으깬 단호박을 녹이기만 하면 된다. 새콤한 플레인 요거트가 들어가서
맛이 더욱 깔끔하다. 여름철에는 차갑게 식혀서 먹어도 맛있다.

조리 시간
3분

재료(1인분)

· A
  삶아서 으깬 단호박 1컵
  브라운 어니언(만드는 방법은 44쪽) 2Ts
  닭 육수(만드는 방법은 9쪽) 1컵
  우유 1컵

· 소금 적당량
· 플레인 요거트(또는 생크림) 적당량
· 신선한 후추(간 것) 적당량

만드는 방법

1 냄비에 A를 넣고 불에 올린 후 골고루 젓는다.

2 뜨거워지면 소금으로 간한 다음 접시에 옮겨 담고, 입맛에
따라 요거트를 첨가하고 후추를 뿌린다.

TIP

단호박의 섬유질에는 과육의 3배에 해당하는 영양소가 함유되어 있
으므로 수프에 함께 넣어 주면 좋다. 씨는 깨끗이 씻어 말린 후 프라
이팬에 볶아 껍질을 벗겨 먹으면 맛있다.

\ 삶아서 으깬 /
\ 단호박으로 만든 /

소시지 크로켓

삶아서 으깬 단호박은 동물성 단백질을 첨가해 튀기면 만족감이 두 배가 된다.
소시지는 요리에 감칠맛을 더하므로 항상 냉동실에 저장해 둔다.

조리 시간
10분

재료(2개 분량)

- 삶아서 으깬 단호박 200g
- 브라운 어니언(만드는 방법은 44쪽) 1Ts
- 소시지 2개

- 튀김옷
  박력분 적당량
  푼 달걀 적당량
  빵가루 적당량

- 튀김용 기름 적당량

만드는 방법

1 삶아서 으깬 단호박에 브라운 어니언을 넣어 골고루 섞는다.

2 소시지 2개에 각각 1의 절반을 뭉쳐서 막대기 모양을 만든다.

3 2에 박력분, 푼 달걀, 빵가루를 순서대로 묻혀 튀김옷을 바르고 고온의 기름에서 노릇노릇하게 튀겨낸 다음 기름기를 뺀다. 입맛에 따라 연근 피클(만드는 방법은 90쪽) 등을 곁들인다.

단호박 껍질 무침

단호박은 한 가지 채소로 동시에 두 가지 색의 요리를 먹을 수 있다.
이번에는 단호박 껍질을 사용한 레시피를 소개한다.

조리 시간
5분

재료

- 단호박 껍질(전자레인지에 돌린 것) 1/4 개
- 참기름 약간
- 참깨 가루 약간
- 간장 약간

만드는 방법

단호박 껍질을 두껍게 채 썬 다음 참기름에 빠르게 볶는다. 여기에 참깨 가루를 뿌리고, 간장으로 간을 한다.

TIP

껍질은 과육과 전혀 다른 맛을 낸다. 단호박 껍질을 참기름에 볶은 다음 굴 소스 등을 첨가해도 색다른 맛을 즐길 수 있다.

단호박 코티지 파이

으깬 감자와 다진 쇠고기를 넣어 굽는 영국 요리인 코티지 파이.
여기에 으깬 감자 대신 으깬 단호박을 넣어 색다른 파이를 만들어 보았다.
다진 쇠고기에 밑간을 충분히 하는 것이 중요하다.

조리 시간
15분

재료(2인분)

- 삶아서 으깬 단호박 400g
- 소금, 후추 약간
- 다진 쇠고기 200g
- 브라운 어니언(만드는 방법은 44쪽) 4Ts
- 말린 허브 약간
- 우스터 소스 2Ts
- 버터 약간
- 다진 체다 치즈 적당량

만드는 방법

1 프라이팬에 샐러드유(분량 외)를 넣고 달군 뒤 다진 쇠고기를 달달 볶는다. 여기에 브라운 어니언, 말린 허브, 우스터 소스를 넣고 골고루 볶는다. 으깬 단호박에 소금과 후추를 살짝 뿌린다.

2 오븐 용기에 얇게 버터를 바르고, 다진 고기와 으깬 단호박을 번갈아가며 담아 3단으로 쌓는다. 그 위에 체다 치즈를 가득 얹는다.

3 고온의 오븐 또는 오븐 토스터에 넣고 치즈가 녹아서 노릇노릇해질 때까지 굽는다.

단호박 코코넛 수프

삶아서 으깬
단호박으로 만든

단호박에 코코넛밀크를 넣어서 진한 맛을 더했다.
타피오카를 넣으면 태국의 명물 디저트가 되기도 하지만
이 레시피에서는 단호박 껍질을 토핑으로 사용했다.

조리 시간
5분

재료(두 그릇 분량)

- 삶아서 으깬 단호박 4Ts
- 코코넛밀크 1/2컵
- 우유 1/2컵
- 설탕 1Ts
- 소금 한 자밤
- 전자레인지에 돌린 후 잘게 썬 단호박 껍질
적당량

만드는 방법

1 단호박 껍질을 제외한 모든 재료를 작은 냄비에 넣어 불에
올린 후 골고루 저으며 끓인다.

2 그릇에 가득 옮겨 담고, 그 위에 단호박 껍질을 올린다.

＊단호박에 함유된 수분의 양이 차이 날 수 있으므로 물이나
우유를 적당히 첨가하여 원하는 농도를 맞춘다.
＊단호박에 따라 당도가 차이 날 수 있으므로 설탕으로 단맛
을 조절한다.

TIP

코코넛밀크 대신 코코아와 우유에 단호박을 녹여도 된다. 새알심을
넣거나 견과류를 얹어도 맛있다.

브로콜리가
어중간하게 남았다면

초록색 부분은 살짝 데쳐서 샐러드에 넣거나, 푹 삶아서 소스에 사용할 수 있다.
줄기 부분도 버리지 말고 볶아 먹는 등 남기지 말고 모두 먹도록 하자.

 데쳐서 저장하자!

데친 브로콜리

브로콜리를 한꺼번에 너무 많이 넣어 데치면 물의 온도가 내려가므로 여러 번에 나눠서 데치는 것이 좋다. 또 오래 삶는 것보다 아삭아삭한 식감이 남을 정도로 데치는 것이 색도 선명하고 좋다.
딱딱한 줄기 부분도 껍질을 두껍게 벗기면 맛있게 먹을 수 있다. 짙은 녹색을 띠는 꽃봉오리 부분과 마찬가지로 데쳐서 따로 보관해 두면 사용할 때 편하다.

재료   브로콜리 2/3 통, 물 약 2ℓ, 소금 한 자밤

냉장고에서
3~4일

브로콜리를 작은 송이로 나누어 자른다.

▷

줄기는 껍질을 벗기고 세로 방향으로 얇게 썬다.

▷

끓는 물에 소금을 넣고 브로콜리가 선명한 색을 띨 때까지 데친다. 물기를 털어 보관한다.

브로콜리 소스를 뿌린 브로콜리

녹색 부분을 사용해서 간단한 소스를 만들었다.
다진 마늘과 참기름을 넣어 중식의 느낌을 살짝 더했다.

조리 시간
7분

재료

• 소스
  데친 브로콜리(녹색 부분) 세 송이
  다진 마늘 약간
  참기름 1Ts
  식초 1ts
  참깨 적당량
  소금, 후추 약간

• 데친 브로콜리 적당량

만드는 방법

1 소스 재료를 분쇄기에 전부 넣고 간다.

2 데친 브로콜리를 세로 방향으로 얇게 썰어 접시에 가지런히
담은 후 1의 소스를 얹는다.

TIP
입맛에 따라 소스에 다른 재료를 첨가해도 된다. 참기름, 식초, 소금,
후추 대신 마요네즈를 넣으면 황록색 마요네즈가 만들어진다. 양념한
브로콜리는 냉장고에 1주일 정도 보관할 수 있다.

그린 파스타

스파게티가 완전히 익기 전에 데친 브로콜리를 함께 넣어 주면 섞는 동안 약간
걸쭉한 소스가 완성된다. 다른 소스를 넣지 않아도 되므로 간편하게 만들 수 있다.

조리 시간
15분

재료(2인분)

- 데친 브로콜리(녹색 부분) 6~8송이
- 저민 안초비 2~4개
- 마늘 오일 절임(만드는 방법은 96쪽) 2ts
- 올리브(녹색, 검은색) 각각 6개
- 케이퍼 2ts
- 스파게티 120g

만드는 방법

1 소금을 약간(분량 외) 넣고 끓인 물에 스파게티를 넣고 안쪽
에 약간의 단단함이 느껴지는 정도로 삶는다(스파게티 삶은 물
은 따로 챙겨 둔다). 스파게티가 완전히 익기 약 3분 전에 데친
브로콜리를 넣는다.

2 프라이팬에 마늘 오일 절임과 안초비를 넣고 불에 올린 다
음 향이 나기 시작하면 1을 건져서 물기를 털고 넣는다. 브로
콜리를 으깬다는 느낌으로 골고루 섞는다.

3 올리브와 케이퍼를 넣고, 스파게티 삶은 물을 넣어 간을 한다.

브로콜리 줄기 참깨 무침

브로콜리 줄기는 꽃봉오리 부분과는 맛과 식감이 전혀 달라서 마치 다른 채소를
먹고 있는 듯한 느낌마저 든다. 아스파라거스와 비슷하게 사용하면 좋다.

조리 시간
7분

재료

• 데친 브로콜리(줄기 부분) 2~3개 분량

• 참깨 된장
  검은깨 가루 1Ts
  미소 된장 1ts
  설탕 2ts
  간장 1/2ts

만드는 방법

1 검은깨를 절구에 빻은 후 미소 된장, 설탕, 간장을 넣어 골
고루 섞는다.

2 브로콜리 줄기를 가늘게 썬 다음 1을 넣어 버무린다.

TIP

브로콜리가 아직 싱싱할 때는 껍질을 벗기고 얇게 썰어 생으로 먹어
도 맛있다. 줄기 부분을 필러로 벗기면 얇은 리본 모양이 된다.

데친 브로콜리로
만든

리예트 프랑스식 고기 스프레드

조리 시간
7분

냉장고에 남아 있는 로스햄 등을 데친 브로콜리와 섞으면 리예트가 된다.
빵이나 크래커, 채소에 발라 먹거나 와인에 곁들여 먹으면 좋다.

재료

- 데친 브로콜리(녹색 부분과 줄기 부분) 50g
- 얇게 썬 로스햄 4장(50g)
- 마요네즈 1Ts
- 다진 마늘 약간
- 레몬즙 약간

만드는 방법

1 햄과 브로콜리 줄기를 큼직하게 썬다.

2 모든 재료를 분쇄기에 넣고 갈아 페이스트 상태를 만든다.

브로콜리 치킨 수프

조리 시간
7분

데친 브로콜리 줄기를 그대로 닭 육수에 넣고 간을 하면 끝이다.
그것만으로도 그럴 듯한 채소 요리를 맛볼 수 있다.

재료(2인분)

- 데친 브로콜리(줄기 부분) 4Ts
- 닭 육수(만드는 방법은 9쪽) 2컵
- 소금. 후추 적당량

만드는 방법

작은 냄비에 닭 육수와 작게 깍둑썰기 한 브로콜리 줄기를 넣고 불에 올린 후 소금과 후추로 간을 한다.

Part 2

쌀 때 한꺼번에 구입한
채소가 잔뜩 있다면

제철을 맞은 토마토 등을 잔뜩 선물 받거나 하면 전부 처치할 수가 없어 곤란해지곤 한다.
남김없이 먹을 자신이 없다면 얼른 손질해서 저장해 버리자.
어떻게든 전부 먹으려고 애쓰지 않아도 된다.

양파가
잔뜩 있다면

양파는 생으로 먹을 때와 볶아 먹을 때 전혀 다른 맛을 낸다. 양파를 천천히 볶아서 만드는 브라운 어니언은 한꺼번에 많이 만들어 두면 편리하다.

 ## 볶아서 저장하자!

브라운 어니언

만드는 데 상당히 오랜 시간이 걸리므로 단단히 각오한 후에 만드는 것이 좋다.

하지만 일단 만들어 두면 각종 요리의 기본 재료로 편리하게 사용할 수 있다. 살짝 넣기만 해도 육수가 만들어지고, 요리의 맛이 한층 깊어진다. 지퍼팩에 넣어 얇게 편 상태로 냉동실에 보관하면 필요할 때마다 손으로 잘라서 사용할 수 있다.

재료   양파 3개, 샐러드유 3Ts

냉장고에서 1~2주   냉동실에서 두 달

양파는 껍질을 벗겨 반으로 자른 후 결에 맞춰 얇게 썬다.

냄비에 샐러드유를 넣고 달군 뒤 양파가 갈색이 될 때까지 천천히 볶는다. 이때 양파가 타지 않게 주의한다.

브라운 어니언으로
만든

스페인식 마늘 수프

스페인에서 '가난한 사람의 수프'라고 불리는 마늘 수프. 브라운 어니언을 넣어 깊고 진한 맛을 낸다. 빵을 잘게 썰어 넣어 걸쭉하게 농도를 맞추고 그 위에 달걀을 떨어뜨리면 구수한 맛과 향이 몸과 마음을 따뜻하게 한다.

조리 시간
15분

재료(2인분)

- 브라운 어니언 2Ts
- 마늘 오일 절임(만드는 방법은 96쪽) 1ts
- 잘게 썬 빵 1컵
- 물 2와 1/2컵
- 소금 1과 1/3 1ts
- 후추 약간
- 달걀 2개

만드는 방법

1 냄비에 마늘 오일 절임을 넣고 불에 올린 다음 향이 나기 시작하면 브라운 어니언과 빵을 넣고 볶는다.

2 물을 부어 보글보글 끓인 다음 소금과 후추로 간을 한다.

3 달걀을 깨서 그 위에 올리고, 입맛에 맞게 익힌다.

*남아서 딱딱해진 빵을 넣어도 된다.
*입맛에 따라 파르메산 치즈나 파슬리 등을 뿌려도 된다.

45

라자냐풍 파스타

파스타의 한 종류인 탈리아텔레를 이용해서 라자냐를 만들 수 있다.
물론 스파게티를 사용해도 된다.
생크림 대신 파르메산 치즈로 마무리했다.

조리 시간
25분

재료(2인분)

• 미트 소스
  브라운 어니언 4Ts
  다진 쇠고기 60g
  소금, 후추 약간

• 화이트소스
  버터 1Ts
  박력분 1Ts
  우유 1컵
  소금, 백후추 약간

• 탈리아텔레(파스타의 일종) 120g
• 파르메산 치즈 적당량
• 샐러드유 적당량

만드는 방법

1 프라이팬에 샐러드유를 넣고 달군 뒤 다진 쇠고기를 볶는다.
여기에 브라운 어니언을 넣고 소금, 후추를 뿌려 미트 소스를
만든다.

2 냄비에 버터를 녹인 후 박력분을 볶는다. 여기에 우유를 붓고
뭉치지 않도록 잘 섞은 다음 소금, 후추를 뿌려 화이트소스를
만든다.

3 탈리아텔레를 제품에 표시된 방법대로 삶은 다음 물기를 털어
내고 먹기 좋은 크기로 자른다.

4 오븐 용기에 샐러드유를 얇게 바르고, 탈리아텔레와 미트 소
스, 화이트소스를 순서대로 층층이 담은 후 파르메산 치즈를 뿌
린다. 200℃로 예열한 오븐에 넣고 표면이 노릇노릇해질 때까
지 10~12분 동안 굽는다.

이탈리아식 탕수육

혼자 먹는데 고기를 덩어리째 사기는 조금 부담스럽다.
그래서 아보카도를 얇게 썬 고기에 말아 두툼한 고기의 모양새를 흉내 내어 보았다.
아보카도 대신 브로콜리 줄기를 얇게 썰어 사용해도 된다.

조리 시간
20분

재료(2인분)

• 돼지고기 등심 슬라이스 8장

• 밑간
  소금, 후추, 간장 약간

• 아보카도 작은 것 1개
• 피망, 토마토(작은 것) 각각 2개
• 녹말가루 적당량
• 샐러드유 4ts

• 탕수육 소스
  브라운 어니언 2Ts
  토마토케첩 1Ts
  벌꿀(또는 설탕) 1Ts
  와인 식초 1Ts

만드는 방법

1 돼지고기는 밑간을 해서 가볍게 버무려 둔다. 아보카도는 씨와 껍질을 제거한 다음 여덟 조각으로 썬다. 피망은 꼭지와 씨를 제거한 후 큼직하게 썰고, 토마토는 꼭지를 딴 후 큼직하게 썬다.

2 아보카도에 돼지고기를 돌돌 말아 둥글게 모양을 잡은 후 녹말가루를 묻힌다. 프라이팬에 샐러드유를 넣고 달군 뒤 고기의 말린 끝 부분이 아래에 오게 놓고 골고루 굽는다.

3 2의 프라이팬에 채소를 넣고 볶은 다음 완전히 익으면 탕수육 소스를 뿌려 골고루 버무린다.

브라운 어니언으로
만든

머스터드소스를 곁들인
새치 스테이크

구운 생선에 조금 특별한 소스를 곁들이면 세련된 이탈리안 요리가 완성된다!
제법 그럴듯해 보여서 손님 접대용 요리로도 좋다.

조리 시간
15분

재료(2인분)

- 새치 두 토막
- 소금, 후추 약간
- 버터, 샐러드유 각각 1ts

- 머스터드소스
  브라운 어니언 2Ts
  화이트와인 2Ts
  생크림(또는 물기를 뺀 요거트) 2Ts
  겨자씨 2ts
  레몬즙, 소금, 후추 약간

- 반건조 토마토 오일 절임(만드는 방법은 66
  쪽) 적당량
- 말린 파슬리(만드는 방법은 103쪽) 적당량

만드는 방법

1 새치는 소금과 후추를 살짝 뿌린 후 버터와 샐러드유를 넣
고 달군 프라이팬에 높은 온도에서 빠르게 조리하여 접시에
담는다.

2 1의 프라이팬에 소스 재료를 넣고 팔팔 끓인 다음 1에 뿌린
다. 반건조 토마토 오일 절임을 곁들이고, 말린 파슬리를 뿌린
다.

1인용 카레

한 번 만들었다가는 3일 내내 먹을 수도 있는 카레.
브라운 어니언이 있으면 먹고 싶을 때마다 조금씩 만들어 먹을 수 있다.

조리 시간
10분

재료(1인분)

• 얇게 썬 쇠고기 3장
• 마늘 오일 절임(만드는 방법은 96쪽) 1ts

• A
　브라운 어니언 3Ts
　다진 생강 1조각 분량
　카레 가루 2ts
　토마토케첩 1Ts

• 플레인 요거트 1/2컵
• 소금 약간
• 밥 적당량
• 견과류(아몬드, 잣), 고수 잎 적당량

만드는 방법

1 쇠고기는 한입 크기로 썬다.

2 냄비에 마늘 오일 절임을 넣고 불에 올린 다음 향이 나기 시
작하면 A를 넣고 볶는다. 요거트와 쇠고기를 넣고 고기가 다
익으면 소금으로 간을 한다.

3 접시에 밥을 담고 2를 얹는다. 마지막으로 견과류와 고수
잎을 곁들인다.

당근이
잔뜩 있다면

당근은 껍질을 벗기지 않은 채로 전자레인지에 통째로 돌린 다음 향신료나 오일을 뿌리면 좋다. 당근 잎은 튀김에 사용한다. 저장할 때는 조림을 만든다.

 일단 # 소금을 넣은 잼으로 만들어 저장하자!

당근 소금잼

설탕도 들어가기는 하지만 기본적으로 단맛이 적은 잼이다. 이대로 빵에 발라 먹거나, 생햄이나 연어에 얹어 먹어도 맛있다. 오일을 섞어서 드레싱으로도 활용할 수 있다.

식기 전에 보관용 병에 넣고 뚜껑을 닫은 후 병을 거꾸로 세우면 병 안이 진공 상태가 되어 더 오래 보관할 수 있다.

재료   당근 500g(큰 것 2개), 물 2컵,
레몬즙 1개 분량, 설탕 4Ts, 소금 2ts

 냉장고에서 **한 달**   진공상태로 상온에서 **1년**

당근은 껍질을 벗기고 작은 크기로 썬다. 냄비에 물을 담고 당근을 넣어 충분히 부드러워질 때까지 끓인다.

다른 재료를 넣고 물이 자작자작해질 때까지 끓인다.

핸드믹서(또는 분쇄기)를 이용해 당근을 걸쭉하게 만든 다음 깨끗한 병 등에 넣어 보관한다.

당근 냉수프

레몬즙이 듬뿍 들어간 산뜻한 맛의 소금잼을 닭 육수에 섞으면 수프가 된다.
찬물에 섞은 후 브라운 어니언을 첨가하면 맛있다.

조리 시간
1분

재료(2인분)

• 당근 소금잼 2Ts
• 닭 육수(만드는 방법은 9쪽) 2컵
• 신선한 후추(간 것) 적당량
• 타임(허브의 일종) 적당량

만드는 방법

당근 소금잼과 닭 육수를 섞어서 유리잔에 부은 후 입맛에 따라 후추 간 것이나 타임 등을 올린다.

TIP

여기에 탄산수를 첨가하면 상큼하게 마실 수 있는 여름 음료가 된다.
또 요거트를 섞으면 아이들 입맛에도 잘 맞는 맛있는 수프가 완성된다.

모둠 젤리

데친 브로콜리나 찐 콩 등 집에 있는 갖가지 재료를 젤리에 넣어 굳히기만 하면
된다. 손님이 왔을 때 내놓거나 적당한 크기로 썰어 디저트로 먹을 수도 있다.

조리 시간
5분

*굳히는 시간은 제외.

재료(2개 분량)
• 당근 소금잼 3Ts

• 젤라틴 1ts
• 물 1Ts

• 우유 1컵
• 반건조 토마토 오일 절임의 방울토마토 (만
드는 방법은 66쪽) 10조각
• 바질 올리브오일 절임(만드는 방법은 101쪽)
2장

만드는 방법

1 젤라틴에 정해진 분량의 물을 부어 불린다.

2 작은 냄비에 우유를 데운 후 1과 당근 소금잼을 넣어 잘 녹
인 다음 식힌다.

3 반건조 토마토와 잘게 썬 바질 올리브오일 절임을 넣고 그
릇에 담아 냉장고에서 차갑게 굳힌다.

전갱이 회무침

먹고 남은 회를 함께 넣고 버무리면 근사한 술안주가 된다. 당근 소금잼이 맛에
포인트를 주므로 미소 된장을 적게 넣어도 충분한 맛을 낼 수가 있다.

조리 시간
5분

재료(1인분)

• 전갱이 회 약 80g
• 당근 소금잼 1ts
• 미소 된장 1ts
• 다진 생강 약간
• 다진 대파 약간

만드는 방법

전갱이를 굵게 다진 후 식칼로 다른 재료와 함께 두드려 섞는
다. 당근 소금잼(분량 외)을 올려 장식한다.

TIP

정어리 회를 버무려 먹어도 맛있다. 당근 소금잼에 들어 있는 레몬즙
은 생선 비린내를 잡는 데 효과적이다. 맛을 돋우는 효과도 있다.

당근 소금잼으로
만든

돼지호박 구이

당근 소금잼의 새콤한 맛과 허브&치즈를 섞은 빵가루의 풍미가 잘 어우러진
요리로 돼지호박에 따로 간을 할 필요가 없다. 보기에도 화려한 색을 자랑하는
맛있는 이탈리안 요리!

조리 시간
15분

재료(2인분)

- 돼지호박 1개
- 당근 소금잼 6Ts
- 허브 빵가루(만드는 방법은 9쪽) 4ts
- 올리브오일 약간

만드는 방법

1 돼지호박을 세로 방향으로 반으로 썬 다음 올리브오일과 함
께 강한 불로 빠르게 익힌다.

2 1의 단면에 당근 소금잼을 바르고 허브 빵가루를 뿌린다.

3 200℃로 예열한 오븐에서 5~10분 동안 노릇노릇해질 때
까지 굽는다.

＊취향에 맞는 허브가 있으면 주위에 장식한다.

당근 소금잼으로
만든

당근 브래드

집에 있는 재료로 간편하게 만들 수 있는 식사용 빵이다.
당근 한 개 분량이 통째로 들어가 있다. 슈거파우더를 살짝 뿌리면
근사한 디저트가 되기도 한다.

조리 시간
30~35분

재료(15×15㎝ 하트 모양틀 1개분)

· A
　당근 소금잼 100g
　무염버터(실온에 꺼내 둔 것) 25g
　벌꿀 1Ts
　소금 한 자밤
　푼 달걀 1개 분량

· B
　박력분 100g
　베이킹파우더 1ts
　베이킹 소다 1/2ts

만드는 방법

1 볼에 A를 넣고 골고루 섞는다. B를 섞어 체에 친 다음 A가
담긴 볼에 넣고 가볍게 섞는다.

2 틀에 얇게 샐러드유(분량 외)를 바르고 1을 부은 다음 바닥
에 가볍게 내려쳐서 공기를 뺀다.

3 180℃로 예열한 오븐에서 20~25분 정도 굽는다. 틀에서
꺼낸 다음 식힘망에 올려 식힌다.

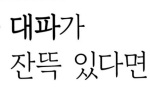

대파가
잔뜩 있다면

대파의 흰 부분은 매우 가늘게 썰어 짜장면 위에 얹어 먹는다. 녹색 부분은 육수를 낼 때 사용하거나 볶음밥에 넣는다. 그래도 남는다면 닭 육수 조림을 만들자.

 닭 육수 조림을 만들어 저장하자!

대파 닭 육수 조림

이 책에서는 육수를 만들 때 닭고기를 사용했지만, 입맛에 따라 다른 육수를 사용해도 된다.
조릴 때 대파에서 감칠맛이 우러나오므로 국물까지 반드시 함께 보관하도록 한다.
닭 육수 조림은 대파의 단맛이 진해지는 겨울철에 만들면 좋다.

재료 대파(흰 부분) 4~5개, 닭 육수(만드는 방법은 9쪽) 1컵

냉장고에서
1주일

대파를 보관 용기의 크기에 맞춰 자른 다음 양면에 칼집을 넣는다.

▷

닭 육수가 든 냄비에 대파를 넣고 부드러워질 때까지 끓인다.

▷

대파가 완전히 식으면 국물까지 함께 보관 용기에 담는다.

프로방스풍 마리네이드

대파로 닭 육수 조림을 만들면 식감이 한층 부드러워지고 단맛도 증가한다.
그런 대파를 이용해서 레몬향이 풍기는 깔끔한 맛의 마리네이드를 만들었다.

조리 시간
5분

재료

• 대파 닭 육수 조림 1개 분량

• A
  비네그레트 소스(만드는 방법은 9쪽) 1Ts
  레몬 소금 절임(만드는 방법은 100쪽) 1/2장

• 말린 파슬리(만드는 방법은 103쪽) 적당량

만드는 방법

1 대파 닭 육수 조림은 먹기 좋은 크기로 썬다.

2 레몬 소금 절임을 잘게 다져 비네그레트 소스와 섞는다.

3 1을 2로 버무린 후 말린 파슬리를 뿌린다.

TIP
이번에는 대파만을 이용해 마리네이드를 했지만, 그릴에 구운 고기나
생선을 함께 마리네이드 하면 메인 요리로도 활용할 수 있다.

57

중국식 두부

조리 시간
10분

돼지고기를 넣어 진한 맛을 내고, 자차이 소스로 중식의 분위기를 더했다.
동물성과 식물성 단백질을 동시에 섭취할 수 있다.

재료(1인분)

- 대파 닭 육수 조림 1/2개
- 연두부 한 모
- 돼지고기(간 것) 1Ts
- 참기름 약간

- **A**
  다진 자차이 1Ts
  생강 식초(만드는 방법은 97쪽) 1Ts
  간장 1ts

만드는 방법

1 연두부는 물기를 살짝 뺀 후 그릇에 담는다.

2 대파 닭 육수 조림을 작게 썬 다음 1에 올린다.

3 프라이팬에 참기름을 넣고 달군 뒤 간 돼지고기를 볶다가
도중에 A를 넣고 다시 볶는다. 식기 전에 2에 뿌린다.

대파를 넣은 맑은 수프

조리 시간
10분

수프에 베이컨을 조금 넣으면 대파의 단맛과 베이컨의 감칠맛이 어우러져
깊고 진한 맛의 수프가 완성된다.

재료(1인분)

- 대파 닭 육수 조림 1/2개 분량

- **A**
  대파를 넣고 끓인 닭 육수 1컵
  닭 육수(만드는 방법은 9쪽) 1/2컵

- 베이컨 1/2장
- 소금 1/2ts
- 후추 적당량

만드는 방법

1 베이컨은 작게 썰어 기름이 나올 때까지 볶은 후 키친타월로
기름기를 제거한다.

2 대파 닭 육수 조림을 4~5cm 길이로 잘라 A에 넣어 데운
다음 소금으로 간한다.

3 2를 그릇에 담은 후 1을 넣고 입맛에 따라 후추를 넣는다.

대파 크림소스 파스타

대파의 단맛을 잘 살린 파스타.
입맛에 따라 파르메산 치즈나 올리브오일을 뿌려 보자.

조리 시간
15분

재료(2인분)

• 소스
  대파 닭 육수 조림 2개 분량
  생햄 4장
  대파를 넣고 끓인 닭 육수 1컵
  생크림 1/2컵

• 파르메산 치즈 2Ts~
• 오레키에테(파스타의 일종) 120g

만드는 방법

1 소금(분량 외)을 넣고 끓인 물에 오레키에테를 넣고 제품에 표시된 시간 동안 삶는다. 파스타를 삶은 물은 3에서 사용하므로 버리지 말고 남겨 두자.

2 대파 닭 육수 조림을 1cm 길이로 썬다. 생햄은 굵게 다진다.

3 프라이팬에 2와 나머지 소스 재료를 넣고 불에 올린 다음 물에 삶은 오레키에테를 넣는다. 파스타를 삶은 물과 파르메산 치즈로 간을 한다.

오리고기 국수

토핑의 맛을 조금 진하게 하고 싶어서 오리고기를 삶을 때 대파 닭 육수 조림을
함께 넣었다. 메밀국수 장국은 입맛에 따라 적당한 농도로 조절한다.

조리 시간
15분

재료(2인분)
• 대파 닭 육수 조림 1개 분량
• 오리고기 슬라이스 8~10개
• 샐러드유 약간

• A
 메밀국수 장국(만드는 방법은 9쪽) 6Ts
 설탕 1Ts

• 메밀국수 160~200g

• B
 메밀국수 장국(만드는 방법은 9쪽) 적당량
 물 적당량

• 잘게 썬 대파 적당량

만드는 방법

1 프라이팬에 샐러드유를 넣고 달군 뒤 오리고기를 올려 표면
을 살짝 구운 후 A의 메밀국수 장국과 설탕을 넣어 조린다.
먹기 좋은 길이로 썬 대파 닭 육수 조림도 함께 넣는다.

2 메밀국수는 제품에 표시된 대로 삶은 후 찬물에 헹궈 물기
를 뺀다. B를 냄비에 넣고 메밀국수를 넣어 데운다.

3 2를 그릇에 담고 그 위에 1을 올린 다음 입맛에 따라 대파
를 곁들인다.

감자가
잔뜩 있다면

감자를 전자레인지에 돌린 후 올리브오일에 바삭하게 구워 소금과 머스터드를
찍어 먹으면 맛있다. 남으면 삶아서 으깨어 보관한다.

 ## 삶아서 으깨어 저장하자!

삶아서 으깬 감자

감자를 껍질째 전자레인지에 넣고 돌
린다. 젓가락으로 찔렀을 때 푹 들어
가면 속까지 골고루 익었다는 증거다.
감자가 식기 전에 으깨야 쉽게 부서지
므로 마른행주나 키친타월 등으로 감
싼 채로 껍질을 벗긴다. 이때 손을 데
지 않도록 주의한다.
보관은 냉장·냉동 모두 가능하다. 냉
동한 감자는 절반 정도 해동한 상태에
서 조리해야 맛있게 먹을 수 있다.

재료   감자 5~6개

 냉장고에서
4~5일
 냉동실에서
두 달

감자는 깨끗이 씻어 랩으로 싼 다음 완
전히 익을 때까지 전자레인지에 넣고 돌
린다.

식기 전에 껍질을 벗긴다.

포크 등으로 으깬다. 보관 용기나 지퍼
백에 넣어 냉장 또는 냉동한다.

삶아서 으깬 감자로 만든

튀기지 않은 크로켓

혼자 살면 크로켓처럼 손이 많이 가는 요리를 만들기가 귀찮아지지만 으깬 감자에 허브를 넣은 빵가루를 묻히기만 하면 갓 튀긴 듯한 크로켓의 맛을 느낄 수 있다.

조리 시간
15분

재료(2인분)

- 삶아서 으깬 감자 1컵
- 간 돼지고기 50g
- 다진 양파 1Ts
- 반건조 토마토 오일 절임의 방울토마토(만드는 방법은 66쪽) 여섯 조각
- 반건조 토마토 오일 절임의 오일 약간
- 허브 빵가루(만드는 방법은 9쪽) 2Ts

만드는 방법

1 허브 빵가루를 프라이팬에 향긋하게 볶는다.

2 다른 프라이팬에 반건조 토마토 오일 절임의 오일을 넣고 달군다. 여기에 간 돼지고기를 넣고 볶다가 중간에 양파와 다진 반건조 토마토를 넣어 함께 볶는다.

3 으깬 감자에 2를 섞어서 둥근 모양을 만든 후 허브 빵가루를 골고루 묻힌다.

삶아서 으깬 감자로
만든

다코야키풍 으깬 감자

오코노미야키 소스와 파래김 가루, 초생강, 가쓰오부시. 이 철판요리 4총사만
있으면 감자만으로도 다코야키의 맛을 비슷하게 흉내 낼 수 있다.

조리 시간
10분

재료(6~8개 분량)

- 반죽
  삶아서 으깬 감자 1컵
  데친 문어(다리) 작은 것 1개
  다진 초생강 1ts
  튀김옷 부스러기 1Ts

- 토핑
  오코노미야키 소스, 파래김 가루, 초생강, 가쓰오
  부시 적당량

- 샐러드유 적당량

만드는 방법

1 데친 문어를 작게 썰어 다른 반죽 재료와 버무린 다음 탁구
공 모양으로 둥글게 빚는다.

2 프라이팬에 샐러드유를 넣고 달군 뒤 1을 표면이 노릇노릇
해지도록 굽는다.

3 접시에 담고, 오코노미야키처럼 토핑을 올린다.

TIP
감자 대신 단호박이나 고구마를 사용해도 맛있다.

으깬 감자 3종 세트

자투리 재료를 으깬 감자에 섞어 주기만 해도 그럴 듯한 딥 소스가 완성된다.
손님이 갑자기 찾아왔을 때 후다닥 만들어 내놓기 좋다.

조리 시간
각 5분

재료

- 삶아서 으깬 감자 1과 1/2컵(300g)
- **A**
  대구알 1Ts
  레몬즙 1ts
  파프리카 가루 약간
  소금, 후추 약간
- **B**
  검은깨 2ts
  베이컨 1/2장
  마요네즈 1Ts
  소금 적당량
- **C**
  유자 미소 된장(유자 껍질에 유자즙과 된장, 설
  탕, 맛술 등을 넣어 조린 양념) 2ts
  유자 껍질, 참나물 적당량

만드는 방법

1 A는 으깬 감자 1/2컵(100g)에 A의 재료(대구알은 껍질을 벗
겨 둔다)를 넣어 골고루 섞는다.

2 B는 잘게 썰어 볶은 베이컨과 으깬 감자 1/2컵(100g)에 검
은깨와 마요네즈를 넣어 잘 섞는다. 맛을 본 후 소금으로 간을
한다.

3 C는 으깬 감자 1/2컵(100g)에 유자 미소 된장과 잘게 다진
유자 껍질을 넣어 골고루 섞은 후 참나물을 얹어 장식한다.

*구운 빵을 곁들이면 좋다.

토마토가
잔뜩 있다면

요즘에는 토마토를 사면 모두 반듯하고 예쁘게 생긴 데다 당도도 뛰어나다.
토마토를 말려서 오일 절임을 만들어 두면 요긴하게 쓸 수 있다.

 ## 반건조 오일 절임으로 만들어 저장하자!

반건조 토마토 오일 절임

겉은 말랐지만 속에는 촉촉한 느낌이 남아
있도록 반건조 토마토를 만든다. 가끔씩 뒤
집어가며 전체를 골고루 말린다. 계절이나
통풍에 따라 말리는 시간이 다를 수 있으므
로 가끔씩 살펴보며 시간을 조절하자.
또 오일 절임에 사용하는 올리브오일은 품
질이 좋은 것을 사용하는 것이 좋다. 토마토
의 풍미가 스며든 오일은 그대로 빵을 찍어
먹거나 드레싱이나 볶음 요리에 사용할 수
있다.

재료   방울토마토 3팩, 일반 토마토(작은 것) 1팩,
        올리브오일 적당량, 바질 잎 적당량

냉장고에서
한두 달

토마토의 꼭지를 따고 방울토마토는 반
으로, 일반 토마토는 둥글게 썰어 3~4
장이 되게 한다. 씨는 제거한다.

겹치지 않게 채반에 가지런히 놓은 다음
바람이 잘 통하는 곳에서 말린다.

보관용 유리병에 토마토를 가득 담고,
토마토가 완전히 잠길 때까지 올리브오
일을 붓는다. 입맛에 따라 바질 잎을 첨
가한다.

냉파스타

파스타를 삶아서 반건조 토마토 오일 절임에 버무리기만 하면 되는
간편한 요리다. 파스타 대신 소면을 사용해도 된다.

조리 시간
12분

재료(2인분)

• 소스
  반건조 토마토 오일 절임의 방울토마토 30조각
  반건조 토마토 오일 절임의 오일 2Ts
  바질 올리브오일 절임(만드는 방법은 99쪽)
  10~12장
  마늘 오일 절임(만드는 방법은 96쪽) 1/2ts
  발사믹 식초 4ts

• 소금, 백후추 적당량
• 카펠리니(파스타의 일종) 160g

만드는 방법

1 소스 재료를 잘 섞은 다음 냉장고에 넣어 차갑게 식힌다.

2 끓는 물에 소금을 넣고 카펠리니(또는 소면)를 제품에 표시
된 시간보다 조금 오래 삶은 뒤 얼음물에 헹군다. 카펠리니를
건져 낸 다음 두툼한 키친타월 위에 올려 물기를 완전히 뺀다.

3 2를 1에 버무리고 소금, 후추로 간을 한 뒤 접시에 담는다.

반건조 토마토 오일
절임으로 만든

토마토 파이

춘권피에 버터를 발라 파이 껍질을 흉내 내어 보자. 달걀물은 달걀과 생크림,
파르메산 치즈를 섞어 만들었다. 토마토의 새콤달콤한 맛이 도드라지는 요리다.

조리 시간
15~17분

재료(2인분)

• 반건조 토마토 오일 절임(방울토마토) 20조
각
• 춘권피 2장
• 버터 적당량

• 달걀물
달걀 2개
생크림 1컵
파르메산 치즈 4ts

만드는 방법

1 달걀물 재료를 잘 섞은 다음 반건조 토마토를 넣는다.

2 오븐 용기에 버터를 얇게 바른다. 춘권피에 요리용 붓으로
녹인 버터를 바른 뒤 오븐 용기에 깔고 1을 붓는다.

3 그 위에 버터를 조금 얹고 180℃로 예열한 오븐에서 10~12
분 동안 구워 골고루 익힌다.

반건조 토마토 오일
절임으로 만든

토마토와 모시조개 파에야

토마토의 풍미가 응축된 파에야. 모시조개 대신 닭고기를 이용해 육수를 내도
된다. 쌀은 물에 씻지 않고 그대로 사용한다.

조리 시간
15~20분

*모시조개를 손질하는 시간은 제외.

재료(2인분)

- 반건조 토마토 오일 절임의 방울토마토 16
조각
- 반건조 토마토 오일 절임의 오일 1Ts
- 쌀 1컵
- 모시조개 120g
- 브라운 어니언(만드는 방법은 44쪽) 1ts
- 레몬 소금 절임(둥글게 썬 것. 만드는 방법은
100쪽) 1장
- 닭 육수(만드는 방법은 9쪽) 1과 1/2컵
- 검은 올리브 8개

만드는 방법

1 파에야 팬(또는 프라이팬)에 오일을 넣고 달군 뒤 쌀을 볶는
다.

2 볶은 쌀에 브라운 어니언을 넣고 골고루 섞은 다음 모시조
개, 반건조 토마토 오일 절임, 레몬 소금 절임을 가지런히 놓
고 닭 육수를 붓는다.

3 끓기 시작하면 약불로 줄이고 뚜껑을 덮은 뒤 쌀이 익을 때
까지 10분 정도 굽는다. 파에야가 완성되면 검은 올리브를 골
고루 뿌린다.

*모시조개는 껍데기를 깨끗이 씻은 뒤 소금물에 담가 해감해
둔다.

가지가
잔뜩 있다면

찌거나 구워서 겨자를 푼 간장에 찍어 먹으면 맛있다. 가지를 볶아서 저장하면
좀 더 색다른 맛을 즐길 수 있을 뿐만 아니라, 다양한 용도로 사용할 수 있다.

 ## 볶아서 저장하자!

볶은 가지

요즘 나오는 가지는 예전처럼 떫은맛
이 강하지 않아서 따로 손질할 필요
가 없다. 볶을 때 기름을 조금 넉넉히
두르면 가지에 기름이 배어 떫은맛이
사라진다.
이렇게 볶은 가지를 미소 된장국에 넣
거나 메밀국수 장국에 넣으면 진한 맛
이 우러나온다. 굳이 튀김을 올리지
않아도 충분히 맛있다.

재료   가지 4~5개, 샐러드유 2Ts~

냉장고에서
1주일

꼭지를 딴 가지를 깍둑썰기 한 다음 면
보자기로 싸서 물기를 제거한다.

프라이팬에 샐러드유를 넣고 달군 뒤 숨
이 죽을 때까지 볶는다.

볶은 가지로
만든

중국식 오믈렛

조미료를 많이 넣지 않아도 맛있게 먹을 수 있는 반찬이다.
가지만 넣어도 충분히 맛있지만, 마른 새우를 넣어 맛에 포인트를 주었다.

조리 시간
10분

재료(1인분)

• 볶은 가지 1/2컵
• 반건조 토마토 오일 절임의 일반 토마토(만
드는 방법은 66쪽) 2조각
• 마른 새우 1Ts
• 달걀 3개
• 간장 1ts
• 소금, 후추 약간
• 샐러드유 1Ts
• 고수 잎 적당량

만드는 방법

1 마른 새우를 물에 가볍게 헹군 후 굵게 다진다. 반건조 토마
토는 잘게 썬다.

2 볼에 달걀을 푼 다음 샐러드유와 고수 잎을 제외한 모든 재
료를 넣고 골고루 섞는다.

3 샐러드유를 넣고 달군 프라이팬에 2를 붓고 재빠르게 섞은
후 오믈렛처럼 모양을 잡아 접시에 담는다. 마지막으로 고수
잎을 올려 장식한다.

볶은 가지로
만든

가지 처트니 인도식 잼

가지 처트니는 피클처럼 카레나 고기 요리에 곁들여 먹으면 좋다.
식초가 들어가 있어서 저장성이 뛰어나기 때문에 두세 달 정도 보관할 수 있다.

조리 시간
10분

재료

• 볶은 가지 1컵

• A
  물 1Ts
  소금 한 자밤
  식초 1Ts
  설탕 1/2Ts
  다진 생강 약간
  다진 마늘 약간

• 좋아하는 향신료
  강황, 시나몬, 커민 가루 등 약간

만드는 방법

작은 냄비에 A와 좋아하는 향신료를 넣고 불에 올린다. 끓어
오르면 볶은 가지를 넣고 강불에 졸인다.

TIP
고수 씨로 만든 코리앤더 같은 향신료를 첨가하면 방부 효과가 더욱
상승한다. 가지 대신 우엉을 볶거나 튀겨서 넣어도 맛있다.

매콤달콤 소스를 곁들인 닭고기

닭 가슴살 대신 닭 다릿살이나 생선을 사용해도 된다. 진한 소스를 곁들이기만
해도 그럴 듯한 반찬이 완성된다. 고추장과 홍고추의 양은 입맛에 맞게 조절하자.

조리 시간
12분

재료(1인분)

• 닭 가슴살 1개
• 소금, 간장 약간
• 샐러드유 약간

• 매콤달콤 소스
  볶은 가지 1/2컵
  고추장 1/2ts〜
  간장 1ts
  청주 1ts
  잘게 썬 홍고추 적당량

만드는 방법

1 닭 가슴살은 일정한 두께로 저민 다음 소금과 후추를 살짝
뿌린다. 프라이팬에 기름을 넣고 달군 뒤 닭 가슴살을 올려 고
온에 빠르게 조리한다.

2 1을 먹기 좋은 크기로 어슷썰기하여 접시에 담는다.

3 1의 프라이팬에 매콤달콤 소스의 재료를 넣어 빠르게 볶은
뒤 2에 뿌린다.

오이가
잔뜩 있다면

오이는 아삭한 식감이 매력적인 채소다. 오이를 사면 바로 겉절이를 하거나 소금에
절여 두기도 한다. 소금에 절이면 샐러드로 만들 때보다 많은 양을 먹을 수 있다.

 ## 소금에 절여서 저장하자!

소금에 절인 오이

오이는 절임배추처럼 소금에 절이기
만 해도 하나의 요리가 된다. 그대로
밥반찬으로 먹어도 되고, 볶음 요리
에 넣어도 맛있다.
냉장고에 2주 정도 보관할 수 있지
만, 시간이 지날수록 짠맛이 강해지
므로 가급적 빨리 먹는 것이 좋다.

재료   오이 5~6개(약 500g), 굵은 소금 - 오이 중량의 약 4%(약 20g)

냉장고에서
2주일

오이를 2mm 두께로 둥글게 썬다.

볼(또는 지퍼백)에 담는다.

소금이 골고루 스며들도록 버무린 후 물
기를 가볍게 짜서 냉장고에 보관한다.

소금에 절인 오이로
만든

일본식 오이 피클

이미 소금에 절여 놓은 상태이므로 소금을 넣지 않은 피클물을 만들어 붓기만 하면 된다. 오이가 피클물에 완전히 잠긴 상태로 보관한다.

조리 시간
5분

재료

• 소금에 절인 오이(물기를 뺀 것) 1컵

• 피클물
  식초 2Ts
  설탕 1Ts
  물 3/4컵
  홍고추(꼭지를 따지 않은 것) 1개
  통후추 3~4알

만드는 방법

1 피클물의 재료를 한 번 끓인 후 식힌다.

2 깨끗한 병에 소금에 절인 오이를 담고 1을 붓는다.

소금에 절인 오이로
간단한 겉절이 만들기

소금에 절인 오이를 깨끗한 물에 가볍게 헹궈 물기를 짠 다음 참깨를 뿌린다.

소금에 절인 오이로
만든

잡채

소금에 절인 오이를 기름진 요리인 잡채에 넣으면
아삭아삭한 식감이 살아 있어 산뜻한 맛을 즐길 수 있다.

조리 시간
20분

*당면과 버섯을 불리는 시간은 제외.

재료(2인분)

- 소금에 절인 오이(물기를 뺀 것) 1컵
- 건버섯 믹스(만드는 방법은 80쪽) 10g
- 당면 60g
- 당근 20g
- 양파, 파프리카(빨간색) 각각 1/4개
- 마늘 오일 절임(만드는 방법은 96쪽) 2ts
- 쇠고기 슬라이스 50g

- 쇠고기 밑간 양념
  소금, 후추 약간
  간장, 참기름 각각 1/2ts
  녹말가루 1ts

- 전체 양념
  간장 1Ts
  참기름, 설탕, 참깨 각각 1/2Ts
  청주 1/2ts

만드는 방법

1 건버섯 믹스를 찬물에 불린다. 소금에 절인 오이는
물로 가볍게 헹군 후 손으로 짜서 물기를 뺀다. 양파는
반달 모양으로 썰고, 당근과 파프리카는 곱게 채 썬다.
쇠고기는 가늘게 잘라 밑간을 해 둔다.

2 당면을 물에 불린 다음 제품에 표시된 시간만큼 삶
는다. 당면이 삶아지면 찬물에 헹군 다음 물기를 빼서
먹기 좋은 크기로 썬다.

3 프라이팬에 마늘 오일 절임을 넣어 불에 올린 뒤 향
이 나기 시작하면 쇠고기를 볶아 접시에 덜어 놓는다.
프라이팬에 적당량의 오일(분량 외)을 넣어 달군 뒤 건
버섯, 양파, 당근, 파프리카를 볶는다. 골고루 익으면
당면과 전체 양념을 넣고 골고루 섞는다. 마지막으로
볶은 쇠고기와 소금에 절인 오이를 넣고 가볍게 볶는
다.

타르타르 소스를 곁들인 연어 구이

타르타르 소스의 아삭아삭한 식감을 즐길 수 있다.
연어 대신 흰살 생선이나 고기에 뿌려 먹어도 맛있다.

조리 시간
10분

재료(1인분)

- 타르타르 소스
  소금에 절인 오이(굵게 다진 것) 2Ts
  연근 피클(굵게 다진 것. 만드는 방법은 90쪽) 1Ts
  브라운 어니언 (굵게 다진 것. 만드는 방법은 44쪽) 1Ts
  마요네즈 2Ts
  소금. 후추 적당량

- 연어 한 덩어리
- 소금, 후추, 박력분 약간
- 버터, 샐러드유 각각 1/2ts
- 반건조 토마토 오일 절임의 일반 토마토(만드는 방법은 66쪽) 1조각

만드는 방법

1 타르타르 소스 재료를 골고루 섞는다.

2 연어에 소금과 후추를 살짝 뿌린 다음 박력분을 얇게 묻힌다. 프라이팬에 버터와 샐러드유를 넣고 달군 뒤 연어를 고온에 빠르게 굽는다.

3 연어를 접시에 담고 타르타르 소스를 뿌린 뒤 반건조 토마토 오일 절임을 곁들인다.

Part 3

요리에 꼭 필요한
훌륭한 조연들이 조금 남았다면

버섯, 우엉, 연근처럼 요리에 꼭 필요하지만 늘 남아서 걱정인 채소들이 있다.
버섯은 말리고, 우엉은 조리고, 연근은 피클물에 절여 보자.
그것만으로도 다양한 요리에 사용할 수 있는 훌륭한 저장식이 된다.

버섯이
조금 남았다면

신선한 버섯은 버터나 올리브오일에 살짝 구워 먹고,
남은 것은 말려서 저장한다.

 ## 말려서 저장하자!

건버섯 믹스

씻을 필요가 없는 버섯은 따로 손질
하지 않고 잘게 찢어서 말리면 된다.
버섯을 말리면 수분이 빠져나가 당도
가 증가하고 익히는 데 걸리는 시간
도 줄어든다. 또한 육수를 낼 때 사용
할 수도 있다.
아침부터 버섯을 말리기 시작해 저녁
에 반쯤 말린 상태로 요리에 사용해
도 좋다. 송이버섯, 팽이버섯, 새송이
버섯, 양송이버섯 등 좋아하는 버섯
을 섞어서 사용해 보자.

재료   좋아하는 버섯 적당량

 반쯤 말린 버섯
은 냉장고에서
3~4일

 완전히 말린
버섯은 상온에서
1년

표고버섯은 밑둥을 자른다. 잎새버섯은
밑둥을 자르고 잘게 찢는다.

표고버섯은 먹기 편한 두께로 얇게 썰어
도 된다.

손질한 버섯을 겹치지 않도록 채반에 나
란히 놓은 다음 바람이 잘 통하는 곳에
두고 말린다.

일본식 달걀찜

건버섯을 불린 물과 가리비 통조림 국물을 이용하면 따로 육수를 내지 않아도
된다. 마른 새우를 첨가하거나 게살 통조림 국물을 이용해도 된다.

조리 시간
20분

*버섯을 불리는 시간은 제외.

재료

• 건버섯 믹스 1/4 컵(약 5g)
• 가리비 관자(통조림) 1개

• 달걀물
  달걀 1개
  건버섯 불린 물에 가리비 통조림 국물 섞은 것
  3/4컵
  청주 2ts

만드는 방법

1 건버섯 믹스는 물에 가볍게 헹군 후 물에 불린 다음 건져서
물기를 뺀다. 가리비 관자는 적당한 크기로 찢는다.

2 볼에 달걀을 풀고 다른 달걀물 재료를 넣어 골고루 섞는다.

3 2에 1을 섞어 그릇에 붓고. 김이 오른 찜통(또는 찜기)에 넣
어 15분 정도 찐다.

*그릇이나 불의 세기에 따라 찌는 시간이 차이 날 수 있으므
로 가끔씩 확인을 하자. 한가운데에 꼬치를 꽂았을 때 맑은 국
물이 나오면 속까지 익은 것이다.

버섯 조림

촉촉한 버섯의 감칠맛이 입안 가득 퍼져 나온다.
입맛에 따라 설탕의 양을 조절하자.

조리 시간
10분

*버섯을 불리는 시간은 제외.

재료

• 건버섯 믹스 1컵(약 20g)

• 조림 국물
  건버섯 불린 물 1컵
  메밀국수 장국(만드는 방법은 9쪽) 1/4컵
  설탕 적당량

만드는 방법

1 건버섯 믹스를 물에 가볍게 헹군 뒤 물에 불려 둔다.

2 냄비에 물기를 뺀 1과 국물 재료를 넣고 불에 올린다. 국물
이 자작자작해질 때까지 조린다.

TIP
양념을 진하게 해서 바짝 조리면 좀 더 오래 보관할 수 있다. 도시락
반찬으로 이용하거나 달걀과 섞어 국에 넣어도 맛있다.

건버섯 믹스로
만든

건버섯 자차이를 넣은 야키소바

자차이의 복합적인 맛이 더해져 중국식 야키소바의 맛을 낸다.
갓을 함께 넣어도 맛있다.

조리 시간
20분

＊버섯을 불리는 시간은 제외.

재료(2인분)

• 건버섯 믹스 1컵(약 20g)
• 자차이 50g
• 부추 2/3단
• 얇게 썬 돼지고기 120g

• 돼지고기 밑간 양념
　소금, 후추 약간

• 전체 양념
　청주, 설탕, 소금, 간장, 참기름 약간

• 건버섯 불린 물 1컵
• 물녹말, 샐러드유 각각 적당량
• 야키소바 면 두 개

만드는 방법

1 건버섯 믹스는 물에 가볍게 헹군 뒤 불려 둔다. 자차이는 채를 썬 다음 물에 헹궈 소금기를 뺀다. 돼지고기는 밑간을 해서 살짝 버무린다. 부추는 먹기 좋은 크기로 썬다.

2 프라이팬에 샐러드유를 넣고 달군 뒤 야키소바 면을 넣고 양쪽 면이 바삭해지도록 구워 접시에 담는다.

3 같은 프라이팬에 다시 샐러드유를 2ts 넣고 달군 뒤 돼지고기를 볶아 다른 접시에 옮겨 담는다. 프라이팬에 물기를 뺀 버섯과 자차이를 볶은 다음 여기에 건버섯 불린 물을 넣어 익힌다. 돼지고기를 다시 넣고 전체 양념으로 간을 한 후 물녹말로 농도를 조절한다. 마지막으로 부추를 넣어 섞은 뒤 2에 뿌린다.

생선을 통째로 넣은 수프

조리 시간
15분

*버섯을 불리는
시간은 제외.

생선뼈에서 우러나온 감칠맛이 국물에 진하게 밴 수프다. 토막 생선 중에서도
뼈가 붙어 있는 것을 사용하면 다른 조미료가 거의 필요 없다.

재료

- 볼락 한 마리
- 소금, 후추 약간
- 대파(푸른 부분) 1줄기 분량
- 저민 생강 2~3장
- 건버섯 믹스 1/4컵(약 5g)
- 물 1과 1/2컵
- 죽순(통조림) 작은 것 1개
- 소금 1ts
- 간장 약간

만드는 방법

1 건버섯 믹스는 물에 가볍게 헹군 뒤 정해진 분량의 물에 담가 둔다. 죽순은 세로로 자른 다음 얇게 썬다.

2 생선은 내장과 비늘을 제거하고 물에 깨끗이 씻은 뒤 물기를 닦아 내고 소금과 후추를 살짝 뿌린다.

3 냄비에 대파와 생강을 깔고 그 위에 생선을 얹은 다음 1을 넣고 끓인다. 거품을 걷어 내며 끓이다가 생선이 완전히 익으면 소금과 간장으로 간을 한다.

치킨 롤

조리 시간
20분

*버섯을 불리는
시간은 제외.

닭고기는 두께를 일정하게 하고 가능한 한 네모나게 자른다.
그 위에 좋아하는 채소를 올린 다음 김밥을 말듯이 둥글게 만다.

재료

- 닭 다릿살 한 덩어리
- 당근 1/3개
- 초록깍지 강낭콩 5~6개
- 소금, 후추, 샐러드유 약간

- A
  건버섯 믹스 1/2컵(약 10g)
  건버섯 불린 물 1컵
  메밀국수 장국(만드는 방법은 9쪽) 1/4컵

- 물녹말 적당량

만드는 방법

1 건버섯 믹스는 물에 가볍게 헹군 뒤 물 1컵에 담가 둔다. 닭 다릿살은 네모나게 자른다. 당근은 네모난 막대 모양으로 가늘게 썬다. 초록깍지 강낭콩은 꼭지와 양쪽 심지를 제거한다.

2 닭 다릿살에 소금과 후추를 뿌리고 당근과 초록깍지 강낭콩을 올려 둥글게 만 다음 이쑤시개로 고정한다. 냄비에 샐러드유를 넣고 달군 뒤 말린 끝부분이 바닥에 오도록 닭 다릿살을 올리고 노릇노릇하게 굽는다. A를 넣고 속까지 골고루 익도록 조린다.

3 이쑤시개를 빼고 치킨 롤을 먹기 좋은 크기로 썰어 접시에 담는다. 국물에 물녹말을 넣어 농도를 조절한 다음 치킨 롤 위에 뿌린다.

우엉이
조금 남았다면

우엉은 보통 가늘고 길게 썰어 간장에 진하게 조려 먹는다. 튀겨서 술안주로
삼아도 좋다. 그래도 남을 때는 간장과 맛술 등을 넣어 조림을 만든다.

 ## 조림을 만들어서 저장하자!

우엉조림

김밥을 만들 때에는 우엉과 당근, 오
이 같은 채소가 들어가곤 한다.
우엉은 식탁에 색이 부족할 때 후다
닥 조림 반찬으로 만들어 먹기 좋다.
우엉조림은 만들어 놓으면 며칠 동안
두고 먹을 수 있어서 더욱 편리하다.

재료   우엉 200g, 물 1컵, 간장 1Ts~,
        맛술 2Ts, 설탕 1Ts

냉장고에서
2주일

우엉은 물에 깨끗이 씻어 껍질을 벗기고
세로로 반을 갈라 큼직하게 썬다.

분쇄기에 넣고 굵게 다진다.

냄비에 모든 재료를 넣고 불에 올린 뒤 거
품을 걷어 내며 부드러워질 때까지 끓인
다. 충분히 익으면 강불에서 바짝 조린다.

두부볶음

우엉조림만으로도 얼마든지 맛있는 반찬이 되기는 하지만 여기에 검은색을
띠는 톳, 녹색을 띠는 초록깍지 강낭콩, 붉은색을 띠는 당근 등 갖가지 재료를
첨가하면 영양소를 균형 있게 섭취할 수 있는 훌륭한 요리가 된다.

조리 시간
15분

재료

- 두부 1모(약 300g)
- 우엉조림 60g
- 톳볶음(만드는 방법은 104쪽) 60g
- 당근 60g
- 초록깍지 강낭콩 6개
- 잘게 썬 돼지고기 50g
- 샐러드유 약간
- 청주 1Ts
- 간장 1Ts

만드는 방법

1 당근은 껍질을 벗겨 두껍게 채를 썰고, 초록깍지 강낭콩은
꼭지와 양쪽 심지를 제거한다. 돼지고기는 잘게 썬다.

2 냄비에 샐러드유를 넣고 달군 뒤 돼지고기를 먼저 가볍게 볶
은 다음 당근과 강낭콩을 함께 넣고 볶는다. 재료가 80% 정
도 익으면 면 보자기에 싸서 짠 두부를 넣은 다음 나무 주걱으
로 으깨듯이 볶아 물기를 제거한다.

3 우엉조림과 톳볶음을 넣고 청주과 간장으로 간을 한다.

닭고기 핫바

간 닭고기에 우엉조림을 섞어서 우엉의 아삭아삭한 식감을 즐길 수 있는 핫바를
만들었다. 우엉조림에 간이 충분히 되어 있어 조미료를 따로 넣을 필요가 없다.

조리 시간
15분

재료(2~3개 분량)

• 핫바
  간 닭고기 150g
  우엉조림 2Ts
  다진 양파 1Ts
  다진 생강 1/2ts

• 녹말가루 적당량
• 샐러드유 적당량
• 반건조 표고버섯(만드는 방법은 80쪽) 1개

만드는 방법

1 양파는 면 보자기로 싸서 물기를 뺀다. 볼에 핫바 재료를 넣고 골고루 섞어 반죽한다.

2 1을 2~3등분한 다음 꼬치에 뭉쳐 모양을 잡고 녹말가루를 얇게 묻힌다.

3 프라이팬에 샐러드유를 넣고 달군 뒤 2를 넣고 뚜껑을 닫는다. 양쪽 면이 노릇노릇해지도록 구워 골고루 익힌다. 어느 정도 익으면 반건조 표고버섯을 먹기 좋은 크기로 썰어 함께 굽는다.

＊입맛에 따라 산초가루 같은 향신료를 곁들인다. 무 잎으로 장식하면 더욱 멋스럽다.

떠먹는 초밥

밥에 우엉조림과 생강 식초를 넣어 섞기만 하면 손쉽게 초밥을 만들 수 있다.
여기에 알록달록한 갖가지 재료를 얹으면 맛있는 떠먹는 초밥이 완성된다.

조리 시간
10분

재료(2인분)

• 초밥
밥 세 공기 분량
생강 식초(다진 생강 포함. 만드는 방법은 97쪽) 1Ts
우엉조림 2Ts~

• 토핑
단새우(횟감용), 연어알, 부채꼴로 썬 연근 피클(만
드는 방법은 90쪽), 식용 유채꽃, 초록깍지 강낭콩

만드는 방법

1 밥에 생강식초와 우엉조림을 넣고 골고루 섞는다.

2 1을 접시에 담고 그 위에 단새우와 연어알, 연근 피클, 데친
유채꽃, 초록깍지 강낭콩 등을 올린다.

연근이
조금 남았다면

우엉과 마찬가지로 연근도 조림 반찬으로 만들어 먹으면 좋다. 연근은 아삭한 식감을
느낄 수 있어서 더욱 좋다. 단, 금방 상하므로 남았을 때는 피클로 만들어 저장하자.

 피클을 만들어서 저장하자!

연근 피클

연근은 아삭아삭한 식감이 생명이다.
연근을 데칠 때 끓는 물의 온도가 낮
아지지 않도록 연근을 동일한 두께로
잘라 조금씩 나눠 넣고, 살짝 덜 익은
상태에서 건져 내는 것이 좋다. 데치
는 시간은 5~10초 정도가 알맞다.
입맛에 따라 다시마나 홍고추, 당근
등을 깨끗한 병에 함께 넣고 피클물
을 부어 하루 정도 놓아둔다.

재료   연근 1개(약 150g), A(물 2컵, 소금 1Ts),
        B(식초 2Ts, 설탕 1Ts, 물 3/4컵)

냉장고에서
한두 달

작은 냄비에 B를 넣고 끓인 다음 차갑게
식힌다. 연근은 껍질을 벗기고 좋아하는
모양으로 자른다.

펄펄 끓인 A에 연근을 조금씩 넣고 가장
자리가 투명해질 정도로 데친 뒤 건져서
물기를 뺀다.

깨끗한 병에 데친 연근과 입맛에 따라 홍
고추를 넣고, 연근과 고추가 완전히 잠기
도록 B를 붓는다.

연근 피클로 만든

산라탕 중국식 매운 수프

버섯으로 우린 육수에 피클과 피클물을 함께 넣어 끓인 새콤한 수프다.
닭 가슴살 대신 다른 자투리 고기를 사용해도 된다. 두반장과 고추기름의
매콤한 맛과 피클의 새콤한 맛이 식욕을 자극한다.

조리 시간
15분

재료(2인분)

• 닭 가슴살 1/2개
• 건버섯 믹스(만드는 방법은 80쪽) 2Ts
• 연근 피클 8조각
• 닭 육수(만드는 방법은 9쪽) 3컵
• 고추기름 2ts

• 조미료
 흑초 2Ts
 연근 피클물 4Ts
 두반장, 간장, 소금, 후추, 참기름 약간

• 물녹말 적당량
• 푼 달걀 1개

만드는 방법

1 건버섯 믹스는 물에 가볍게 헹군 뒤 닭 육수에 담가 둔다.
닭 가슴살은 일정한 두께로 자른 다음 잘게 썬다. 연근 피클은
먹기 좋은 크기로 썬다.

2 냄비에 고추기름을 넣고 달군 뒤 1을 넣고 거품을 걷어 내며
끓인다. 닭고기가 완전히 익으면 조미료를 넣고 물녹말을 넣어
농도를 조절한다.

3 달걀을 풀어 냄비에 천천히 넣은 다음 불을 끈다.

＊취향에 따라 홍고추를 넣어 장식한다.

91

연근 피클 밀푀유

식초에 담근 덕분에 더 하얗게 변한 연근 사이에 훈제 연어와 크림치즈를 넣어 근사한 애피타이저를 만들었다. 피클의 새콤한 맛이 와인과도 잘 어울린다.

조리 시간
5분

재료(2인분)

• 연근 피클(둥글고 얇게 썬 것) 6조각
• 훈제 연어 4조각
• 크림치즈 적당량
• 어린잎 채소 적당량

만드는 방법

1 연근 피클의 국물을 털어 낸다.

2 연근 피클과 비슷한 크기로 자른 훈제 연어 그리고 크림치즈를 층층이 쌓은 후 어린잎 채소를 곁들인다.

TIP

훈제 연어 대신 정어리, 고등어 통조림, 구운 고기 등을 넣어도 된다. 들어가는 재료에 따라 달라지는 맛과 연근의 아삭아삭한 식감을 즐길 수 있다.

캐러멜 연근 피클&아이스크림

캐러멜 소스에 버무리면 채소도 근사한 디저트로 바뀐다.
상큼한 피클과 어우러진 아이스크림이 산뜻한 맛을 낸다.

조리 시간
5분

재료(2인분)

• 연근 피클(둥글게 썬 것) 2조각
• 그래뉼러당 4ts
• 아이스크림 적당량

만드는 방법

1 프라이팬에 그래뉼러당을 넣고 불에 올린다. 그래뉼러당이 갈색의 캐러멜 상태가 되면 피클물을 털어 낸 연근 피클을 넣고 골고루 버무린 후 식힌다.

2 그릇에 아이스크림을 담고 1을 올린다.

TIP

캐러멜 소스가 싫다면 연근 피클을 소량의 기름에 살짝 튀겨 연근 칩을 만들어도 맛있다. 튀기기 전에 연근 피클에 묻어 있는 피클물을 말끔히 털어 낸다.

Part 4

향신료나 장식용 채소들이
약간 남았다면

마늘이나 바질 등 허브 계열의 채소를 좋아하는 사람은

오일 절임이나 소금 절임으로 오래 보관하기 위해 한꺼번에 잔뜩 구입하기도 한다.

신선한 채소를 구입해 생으로 먹고, 나머지는 오일 등에 절여

맛과 향을 그대로 보존하자.

마늘이
약간 남으면

마늘은 중국식 볶음 요리나 고기를 구울 때처럼 다양한 요리에 자주 사용한다.
마늘이 남을 때는 오일이나 간장 등에 절여 보자.

 ## 오일 절임을 만들어서 저장하자!

마늘 오일 절임

채소는 칼이 닿는 순간부터 상하기 시작한
다. 남은 마늘을 잘게 다져 오일에 절여 두
면 오래 보관할 수 있다.
사용하는 오일은 취향에 따라 선택할 수 있
다. 이탈리아 요리를 자주 만든다면 올리브
오일에, 중국 요리를 자주 만든다면 참기름
에 절이자. 샐러드유에 절이면 어느 요리에
나 사용할 수 있다.
마늘 오일 절임만 있으면 볶음 요리나 마리
네이드, 파스타 등을 순식간에 만들 수 있
다. 각종 요리에 한 숟가락만 넣어도 더욱
깊은 맛을 낼 수 있다.

재료
마늘 한 통, 샐러드유 적당량

냉장고에서
한 달

마늘은 껍질을 벗기고 싹이 난 부분을
제거한 다음 잘게 다진다.

▷

깨끗한 병에 마늘을 담고, 완전히 잠기
도록 샐러드유를 붓는다.

생강이
약간 남으면

생강은 볶음 요리나 생선조림 등 다양한 요리에 자주 쓰이는 재료다.
내버려 두면 금세 시들어 버리므로 식초에 절여 두면 편리하다.

 일단 ## 갈아서 식초에 절여서 저장하자!

생강 식초

생강을 간 다음 식초, 간장, 맛술에 섞어 두면 오래 보관할 수 있을 뿐만 아니라 그것만으로도 훌륭한 조미료가 된다. 회에 곁들여 먹어도 맛있고, 미역 등 각종 해조류와도 잘 어울린다. 돼지고기 생강구이의 양념으로 사용해도 된다.
생강마다 매운 맛이 차이 나므로 맛을 보면서 조미료의 양을 조절하자.

재료
생강 1~2조각(약 25g),
식초 1Ts, 간장 1Ts, 맛술 1Ts

 냉장고에서
두세 달

생강은 껍질을 벗겨 간다.

▷

깨끗한 보관 용기에 재료를 넣고 골고루
섞는다.

셀러리가
약간 남으면

셀러리는 샐러드에 넣거나 마리네이드를 하기도 하고, 중국식 볶음 요리에
넣을 때도 많다. 남기 쉬운 잎은 미소 된장에 절여서 먹는다.

일단 미소 된장 절임을 만들어서 저장하자!

셀러리 미소 된장 절임

양념 된장을 만든다고 하면 왠지 번거로울
것 같지만, 사실 미소 된장에 메이플 시럽
을 넣어 섞기만 하면 된다. 여기에 셀러리를
넣어 간이 배도록 반나절 정도 절이면 샐러
드처럼 부담 없이 먹을 수 있게 된다.
된장이 묻어 있는 셀러리를 그대로 중국식
볶음 요리나 달걀말이 등 갖가지 요리에 사
용할 수도 있다. 양념 된장에는 셀러리에서
빠져 나온 수분이 그대로 남아 있어 생선이
나 두부를 조릴 때 사용하면 맛이 한층 좋
아진다.

재료
셀러리 1/2개
양념 된장
  미소 된장(중간 매운맛) 1Ts,
  메이플 시럽 1ts

냉장고에서
1주일

셀러리는 질긴 심을 제거하고 먹기 좋은
크기로 썬다. 잎이 있을 경우에는 살짝
데쳐서 물기를 뺀 다음 잘게 썬다.

볼(또는 지퍼백)에 양념 된장 재료를 넣
고 골고루 섞은 뒤 셀러리를 넣고 버무
린다.

98

바질이
약간 남으면

바질은 파스타나 피자에 소량만 사용하기 때문에 한 번 사면 많이 남곤 한다.
남은 바질은 말리거나 오일 절임을 만드는 것이 좋다.

 올리브오일 절임을 만들어서 저장하자!

바질 올리브오일 절임

바질의 향이 스며든 오일은 오믈렛이나 파스타에 첨가하거나 생선이나 고기를 구울 때 사용해도 된다. 오일에 향이 스며들어 있어 소금이나 후추를 사용하지 않더라도 맛을 충분히 낼 수 있다.

오일보다 조미료에 가까운 느낌으로 사용해 보자. 그러기 위해서라도 신선하고 맛과 향이 뛰어난 올리브오일을 선택하는 것이 중요하다.

재료
바질 잎 한 가지, 올리브오일 적당량

냉장고에서
두세 달

깨끗이 씻어 물기를 털어낸 바질 잎을 손으로 찢어 깨끗한 유리병에 담는다.

바질 잎이 완전히 잠기도록 올리브오일을 붓는다.

레몬이
약간 남으면

식초 대신 상큼하게 즙을 내거나 장식용으로도 사용되는 레몬. 쓰고 남은 레몬은
향이 날아가기 전에 소금 절임으로 만들어 두자.

소금 절임을 만들어서 저장하자!

레몬 소금 절임

소금의 양은 레몬 중량의 10% 정도가 적당
하다. 소금이 레몬즙에 잘 녹도록 자주 용
기를 흔들어 주면서 일주일 이상 보관하면
소금 절임이 완성된다. 예전에 만들어 둔
소금 절임에 새로 쓰고 남은 레몬이나 레몬
즙을 첨가해도 된다. 껍질째 절이므로 되도
록 무농약 레몬을 쓰는 것이 좋다.
아보카도의 변색을 방지할 때 쓰거나 오일
을 첨가해서 드레싱으로 쓰기도 한다. 생선
이나 고기와도 잘 어울린다. 파에야(69쪽)
를 만들 때 넣어도 좋다.

재료
레몬 1개(약 100g), 굵은 소금
2ts(10g), 레몬즙 적당량

상온에서
1년

레몬을 둥글고 얇게 썬다.

소금이 레몬에 골고루 묻도록 용기에 레
몬과 소금을 번갈아 담는다.

파슬리가
약간 남으면

영양이 풍부한 파슬리는 빵가루에 섞어 튀김에 사용하기도 하고 미트 소스나
수프에 넣기도 한다. 파슬리는 잘 말려 두면 언제든지 쓸 수 있다.

 말려서 저장하자!

말린 파슬리

식사에 녹색이 부족할 때에도 파슬리만 있
으면 아무 걱정할 필요가 없다. 수프나 햄
버거, 마리네이드 등 어디에나 뿌리기만 하
면 간편하게 먹을 수 있다. 말린 파슬리를
그대로 먹어도 맛있다.
파슬리는 완전히 마를 때까지 바싹 말려야
한다. 수분이 남으면 곰팡이가 생길 수도
있으므로 주의하자.
줄기도 버리지 말고 잘 두었다가 수프나 찜
요리 등에 향을 낼 때 사용하자.

재료
파슬리 한두 가지

상온에서
두세 달

파슬리는 물에 깨끗이 씻은 뒤 물기를 닦
아 내고 바람이 잘 통하는 곳에서 말린다.

완전히 마르면 비닐봉지에 담고 손으로
비벼서 잎을 줄기에서 떼어 낸 상태로 보
관한다.

Part 5

개봉한 건어물이나
팩에 든 고기가 어중간하게 남았다면

건어물은 장기간 보관할 수 있지만, 일단 개봉하면 진드기 같은 벌레가
생길 수 있다. 한 번에 쓸 양만 불린 다음 곧바로 손질해서 저장하자.
고기도 된장에 절여 둔다.

外国の荒磯で採れた生ひじきをその〇〇
加工していますので香りが良く、煮物に使用
した場合、大粒でふっくらと煮上がります〇〇

톳이
어중간하게 남았다면

각종 미네랄이 많이 들어 있는 해조류 톳. 새콤매콤하게 무쳐 먹거나 두부에 버무려 먹으면 맛있다. 먹고 남은 톳은 오일에 버무려 샐러드처럼 먹어도 좋다.

 베이컨볶음을 만들어서 저장하자!

톳볶음

톳을 올리브오일에 볶으면 기름 코팅이 되어 더 오래 보관할 수 있다. 여기에 베이컨의 감칠맛이 더해지면 샐러드 같은 톳볶음이 완성된다.
톳이라고 하면 무침만 생각하기 쉬운데 오일에 볶으면 더 많은 요리에 활용할 수 있어 많이 먹을 수 있다.

재료 말린 톳 5~10g(또는 물에 불린 톳 100g), 베이컨 3장(50g),
올리브오일 1Ts

냉장고에서
2~3주

말린 톳을 물에 가볍게 헹군 뒤 물에 불린다.

톳은 물기를 완전히 빼고, 베이컨은 얇게 썬다.

프라이팬에 올리브오일을 넣고 달군 뒤 베이컨을 볶는다. 베이컨이 익으면 톳을 넣고 골고루 섞어 가며 볶는다.

톳볶음으로
만든

톳과 귤 샐러드

톳과 귤이 어우러진 샐러드로, 귤의 새콤한 맛이 색다른 느낌을 준다.
올리브오일과 레몬즙을 3:1의 비율로 섞은 비네그레트 소스를 뿌려서
상큼한 맛을 느낄 수 있다.

조리 시간
5분

재료

• 톳볶음 1컵
• 귤 1/2개
• 비네그레트 소스(만드는 방법은 9쪽) 1Ts

만드는 방법

1 귤은 겉껍질과 속껍질을 모두 벗긴다.

2 톳볶음과 1을 비네그레트 소스에 버무린다.

TIP

귤 대신 오렌지나 자몽 등을 사용해도 된다. 감귤류가 톳의 비린내를
잡아 준다.

땅콩버터 무침

토스트에도 많이 발라 먹지만, 어릴 때에는 그냥 퍼먹기도 했던 땅콩버터.
빵이 아닌 톳과도 잘 어울린다.

조리 시간
3분

재료

• 톳볶음 1컵
• 땅콩버터 1Ts
• 간장, 식초 각각 1과 1/2Ts

만드는 방법

땅콩버터, 간장, 식초를 골고루 섞은 후 톳볶음을 버무린다.

TIP

땅콩버터 대신 참깨 페이스트, 아몬드 페이스트 등을 사용해도 된다.
이들 재료는 비타민 E가 풍부하게 함유되어 있는 반면 쉽게 산화하
므로 가장 자주 사용하는 재료를 선택하자.

간단한 드라이 카레

보통 카레는 소스 형태지만, 카레 가루와 고기, 채소 등을 같이 볶아 드라이
카레를 만들 수도 있다. 드라이 카레에 톳을 넣으면 해조류를 듬뿍 먹을 수 있다.

조리 시간
15분

재료

- 톳볶음 1/2컵
- 쇠고기와 돼지고기를 섞어서 간 고기 100g
- 마늘 오일 절임(만드는 방법은 96쪽) 1ts
- 다진 생강 1조각 분량

- A
  토마토케첩 1Ts
  우스터 소스 1Ts
  간장 1Ts
  카레 가루 1Ts~

- 밥 적당량
- 브라운 어니언(만드는 방법은 44쪽) 적당량
- 건과일 적당량

만드는 방법

1 프라이팬에 마늘 오일 절임과 생강을 넣고 불에 올린다. 향이 나기 시작하면 간 고기를 넣어 볶는다.

2 A를 넣고 골고루 볶은 다음 톳볶음을 넣어 잘 섞는다.

3 2를 그릇에 옮겨 담고 밥에는 브라운 어니언을 섞는다. 건과일을 곁들인다.

잔멸치가
어중간하게 남았다면

칼슘 섭취를 위해 잔멸치를 많이 먹는 것이 좋다. 잔멸치는 매실장아찌 무침뿐만 아니라 볶음 요리나 초절임을 해도 맛있다.

 ## 매실장아찌 무침을 만들어서 저장하자!

잔멸치 매실장아찌 무침

뜨거운 물을 부어서 잔멸치의 소금기를 뺀 다음 매실장아찌와 버무린다. 매실장아찌에 함유된 염분에 따라 맛이 달라지므로 간을 보면서 잔멸치의 양을 조절하자.
주먹밥 재료로 쓰거나 샐러드에 얹어 먹는 등 담백한 음식에 첨가하면 맛에 포인트를 줄 수 있다.

재료 잔멸치 30g, 씨를 뺀 매실장아찌 1Ts, 맛술 2ts

냉장고에서
여섯 달

잔멸치를 체에 넣고 뜨거운 물을 부은 다음 물기를 완전히 뺀다.

매실장아찌와 맛술을 섞은 다음 잔멸치를 넣고 버무린다.

잔멸치를 얹은 양념 연두부

잔멸치를 얹으면 평범한 양념 연두부가 영양 가득한 요리로 바뀐다.

조리 시간
5분

재료(1인분)

• 연두부 1/2모
• 잔멸치 매실장아찌 무침 1Ts
• 소금에 절인 오이(만드는 방법은 74쪽) 적당
량

만드는 방법

1 연두부는 물기를 살짝 뺀 다음 먹기 좋은 크기로 썰어 그릇
에 담는다.

2 잔멸치 매실장아찌 무침을 올리고, 소금에 절인 오이를 골
고루 뿌린다.

무말랭이가
어중간하게 남았다면

무말랭이는 한꺼번에 잔뜩 불려서 중국식 오믈렛을 만들면 상당히 많이 먹을 수 있다.
그래도 남을 때는 삼배초에 절여 피클처럼 먹는다.

 ## 삼배초에 절여서 저장하자!

무말랭이 삼배초 절임

이름처럼 무말랭이를 삼배초에 절이기만 하면 된다. 반나절 이상 절인 뒤에 먹으면 무말랭이의 오도독 씹히는 식감이 느껴져 맛있다.
냉장고 한쪽에 보관해 두고 입이 심심할 때마다 조금씩 먹어도 좋다.
식초에 절여서 오랫동안 보관할 수 있다.

재료   무말랭이 1봉지(약 40g), 삼배초 (식초 1/2컵,
        설탕 1과 1/2Ts, 간장 1/2Ts, 생강 1조각)

냉장고에서
여섯 달

무말랭이를 깨끗이 씻은 다음 물에 불린다.

무말랭이의 물기를 짠 다음 먹기 좋은 크기로 썬다. 작은 냄비에 삼배초 재료를 넣어 펄펄 끓인 후 식힌다.

보관 용기에 무말랭이를 담고 삼배초를 붓는다.

무말랭이 삼배초
절임으로 만든

무말랭이 대구알 무침

무말랭이에 대구알을 넣고 골고루 버무리면 깊은 맛이 우러난다.
술안주로도 안성맞춤이다. 중간에 간을 보며 대구알의 양을 조절하자.

조리 시간
5분

재료(만들기 쉬운 분량)

• 무말랭이 삼배초 절임 1/2컵
• 대구알 1/2개(약 30~40g)
• 청주 1ts

만드는 방법

1 대구알은 껍질에 칼집을 넣은 후 칼등이나 숟가락으로 긁어
내어 껍질을 벗긴 다음 청주를 섞는다.

2 무말랭이 삼배초 절임을 가볍게 짠 다음 1의 대구알으로 버
무린다.

TIP
무말랭이는 담백한 맛이어서 진한 맛을 내는 재료와 잘 어울린다. 대
파나 생강 혹은 절임 반찬이나 훈제 오징어 등과도 잘 어울린다.

111

무말랭이 삼배초
절임으로 만든

중국식 토마토 소스 조림

새콤한 맛을 지닌 토마토와 무말랭이를 섞어서 중국식 요리를 만들었다. 풋고추를
더하면 색의 조화까지 완벽해진다. 무말랭이의 오도독 씹히는 식감을 즐겨 보자.

조리 시간
10분

재료

- 무말랭이 삼배초 절임 1/2컵
- 돼지고기 슬라이스 100g
- 토마토 큰 것 1개
- 풋고추 2~3개

• A
다진 대파 2Ts
마늘 오일 절임(만드는 방법은 96쪽) 1Ts
다진 생강 1ts

• B
물 1/2컵
간장, 굴 소스 각각 1/2Ts
설탕 약간

- 두반장, 참기름 약간
- 물녹말 적당량

만드는 방법

1 돼지고기는 먹기 좋은 크기로 썬다. 토마토는 꼭지를 떼
고 큼직하게 썬다. 풋고추는 꼭지를 딴 다음 두세 조각으
로 자른다.

2 프라이팬에 A를 넣고 불에 올린 다음 향이 나기 시작하
면 두반장과 돼지고기를 넣고 가볍게 볶다가 B를 넣는다.

3 여기에 토마토와 풋고추, 무말랭이 삼배초 절임을 넣고
골고루 섞은 다음 물녹말로 농도를 조절하고 참기름을 살
짝 두른다.

무말랭이 삼배초
절임으로 만든

고등어 소금구이

새콤한 무말랭이를 소스에 넣으면 기름진 생선도 산뜻하게 먹을 수 있다.
고등어 외에도 방어처럼 기름기가 많은 생선에 잘 어울린다.

조리 시간
10분

재료(2인분)

• 고등어 두 토막
• 소금 약간
• 무말랭이 삼배초 절임 2Ts~
• 진간장 적당량

만드는 방법

1 고등어는 잘 익도록 눈에 띄지 않는 곳에 칼집을 넣는다. 소
금을 살짝 뿌린 뒤 키친타월 등으로 물기를 닦아 낸 후 그릴
(또는 프라이팬)에 노릇노릇하게 굽는다.

2 무말랭이 삼배초 절임은 가볍게 짠 뒤 잘게 썬다.

3 1을 접시에 담고 2를 곁들인 다음 입맛에 따라 진간장을 뿌
린다.

대두가
어중간하게 남았다면

대두는 물에 삶지 말고 찌는 편이 맛도 좋고 영양도 좋다. 찐 콩을 그대로 먹어도 맛있지만, 오일 절임을 만들거나 드레싱에 무쳐 먹어도 맛있다.

 ## 쪄서 저장하자!

찐 대두

압력솥에 찜기가 딸려 있지 않을 경우에는 빈 캔의 위아래를 도려내어 냄비에 넣고 물을 부은 다음 그 위에 채반을 올린다. 이때 채반까지 물이 닿지 않아야 한다. 뚜껑을 덮고 불을 강불로 조절한 후 김이 나기 시작하면 5분 동안 계속 가열한다. 불을 끄고 10분 동안 대두를 찌면 완성이다. 압력솥이 없을 경우에는 뚜껑이 있고 밀폐가 잘 되는 냄비에 약 1시간 동안 찐다.

재료   대두(하룻밤 동안 물에 불려 둔 것) 2컵, 물 2~3컵

 ▷

 냉장고에서
4~5일

 냉동실에서
두세 달

대두를 물로 깨끗이 씻어 볼에 담은 뒤 물을 가득 붓고 하룻밤 동안 불린다.

압력솥에 딸린 찜기 위에 물기를 뺀 대두를 평평하게 담고 찐다.

찐 대두로
만든

요거트 샐러드

몸에 좋은 건강한 샐러드. 요거트의 풍미가 대두와 잘 어우러져
따로 간을 하지 않아도 술술 잘 넘어간다.

조리 시간
5분

재료

• A
 찐 대두 1/2컵
 다진 건살구 2개 분량
 일본식 오이 피클(다진 것. 만드는 방법은 75쪽)
 2Ts
 물기를 뺀 요거트 1/2컵
 올리브오일 약간

• 소금. 후추 약간

만드는 방법

A의 재료를 골고루 섞은 후 소금과 후추로 간을 한다.

TIP

식감이 좋은 셀러리나 오이, 훈제 연어나 생햄 등을 첨가해도 맛있다.
과일과 버무려 디저트로 만들어도 좋다.

찌개

자극적이지 않은 대두는 어떤 찌개와도 잘 어울린다. 이번에는 고추장과 미소 된장으로 맛을 낸 찌개를 만들었지만, 입맛에 따라 양념을 달리해도 된다. 고추장은 제품에 따라 매운맛이 차이 날 수 있으므로 간을 보면서 양을 조절하자.

조리 시간
15분

재료(2인분)

- 찐 대두 1컵
- 쇠고기 슬라이스 6장
- 대파 1개
- 더우미아오(완두의 어린 싹과 줄기) 적당량
- 김치(다진 것) 4Ts
- 물 3컵

• A
마늘 오일 절임(만드는 방법은 96쪽) 1ts
대파(다진 것) 1ts

• B
고추장, 미소 된장 각각 1Ts
소금, 후추, 참기름 약간

만드는 방법

1 쇠고기는 한입 크기로 썬다. 대파는 잘게 썬다. 더우미아오는 먹기 좋은 길이로 자른다.

2 냄비에 A를 넣고 불에 올린 다음 향이 나기 시작하면 쇠고기를 넣고 볶는다.

3 분량의 물을 붓고, 펄펄 끓기 시작하면 대파, 김치, 찐 콩을 넣은 후 B로 간을 한다. 마지막으로 더우미아오를 올리고 불을 끈다.

찐 대두로
만든

대두 경단

찐 대두는 밤 같은 맛이 난다. 그래서 밤으로 과자를 만들 듯이 대두를 으깨서
경단을 만들었다. 보기에도 깜찍하고 손님 접대용으로도 좋다.

조리 시간
5분

재료(2~3개 분량)
• 찐 대두 1컵

• A
콩가루 1Ts
설탕 1Ts

• 콩가루, 메이플 시럽(벌꿀도 가능) 적당량

만드는 방법

1 찐 대두를 포크 등으로 으깬 다음 A를 넣어 골고루 잘 섞는
다.

2 랩 위에 탁구공 크기의 양을 올리고 면 보자기로 싸서 뭉친
다.

3 접시에 담고 입맛에 따라 콩가루나 메이플 시럽을 뿌린다.

돼지고기 안심이
어중간하게 남았다면

고기는 그릴에 굽거나 찜통에 쪄서 먹어도 좋다.
남은 고기는 미소 된장에 절여 보관한다.

 ## 미소 된장에 절여서 저장하자!

돼지고기 된장 절임

한 팩에 여러 장 들어 있는 고기를 사면 혼자 사는 사람은 반드시 남기게 된다. 아무리 세일을 해서 싸게 샀어도 혼자서는 다 먹을 수가 없다. 그럴 때는 된장 절임을 만들자. 메이플 시럽에 미소 된장을 풀어 양쪽 면에 고르게 바르기만 하면 된다.
돼지고기뿐만 아니라 쇠고기, 닭고기, 생선을 사용해도 된다. 밑간을 미리 해 둔다는 마음으로 저장해 보자.

재료　　돈가스용 돼지고기 안심 1장,
　　　　양념 된장 [미소 된장(중간 매운 맛) 1/2Ts, 메이플 시럽 1/2ts]

 냉장고에서 1주일
 냉동실에서 한 달

양념 된장 재료를 골고루 섞은 다음 랩 위에 고기에 바를 양의 절반을 바르고 그 위에 고기를 올린다.

고기의 윗면에 나머지 절반을 바른다.

랩으로 싼 다음 고르게 펴서 재운다.

돼지 불고기

접시에 나물을 깔아서 한식의 느낌을 냈다. 곁들이는 채소에 조금만 정성을
쏟으면 늘 같은 맛인 불고기도 질리지 않고 먹을 수 있다.

조리 시간
15분

재료(1인분)
- 돼지고기 된장 절임 1장

- 나물
  콩나물, 미역 적당량
  다진 마늘, 참기름 약간

만드는 방법

1 돼지고기 된장 절임은 격자무늬 자국이 남도록 그릴 팬에 구
워 골고루 익힌다.

2 콩나물은 뿌리 끝을 다듬고, 미역은 먹기 좋은 크기로 썬다.
콩나물과 미역 모두 살짝 데쳐서 물기를 뺀 다음 다진 마늘과
참기름을 넣어 버무린다.

3 접시에 2를 펼쳐 담고, 1을 먹기 좋은 크기로 썰어서 얹는
다.

돼지고기 된장 절임
으로 만든

양념 두부찜

고기의 맛이 두부에 스며들어 한층 부드러운 맛을 낸다. 간단히 만든 요리라고는
믿을 수 없을 정도로 그럴 듯한 메인 요리가 완성된다. 영양도 만점!

조리 시간
7분

재료(1인분)

• 돼지고기 된장 절임 1장
• 두부 1모
• 녹말가루 적당량
• 유채꽃 적당량

만드는 방법

1 두부는 물기를 살짝 뺀 다음 가로로 반을 썬다. 돼지고기는
된장이 묻어 있는 채로 어슷썰기 한다.

2 두부의 잘린 단면에 녹말가루를 얇게 묻히고, 그 사이에 돼
지고기를 얹어 접시에 담은 후 랩을 씌운다. 전자레인지에 돌
려 돼지고기를 골고루 익힌다(730W로 약 3분).

3 랩을 벗기고 선명하게 데친 유채꽃을 얹는다.

굴 소스 찜

살짝 구워 굴 소스로 오랫동안 익히면 하얀 쌀밥이 절로 생각나는 요리가
완성된다. 풍성한 제철 채소를 곁들여 먹어 보자.

조리 시간
10분

재료(1인분)

• 돼지고기 된장 절임 1장

• A
　물 1/4컵
　굴 소스 1ts
　참기름 약간

• 물녹말 적당량
• 샐러드유 약간
• 더우미아오 적당량

만드는 방법

1 프라이팬에 샐러드유를 넣고 달군 뒤 돼지고기의 양쪽 면을
가볍게 굽고 A를 넣어 끓인다.

2 돼지고기가 완전히 익으면 물녹말을 넣어 농도를 조절한다.

3 더우미아오를 살짝 데친 후 물기를 빼서 접시에 담는다. 그
위에 먹기 좋은 크기로 썬 돼지고기를 얹고 프라이팬에 남아
있는 양념을 붓는다.

저는 지금 혼자 살고 있습니다.
'혼자서 밥 먹는 일'을
귀찮게 여기지 않고 즐길 수 있도록
다양한 궁리를 하고 있지요.

가족들을 위해 온갖 요리를 만들고는 했던 즐거운 날도 있었지만, 지금은 혼자 생활하고 있습니다. 혼자만을 위해 밥을 차리기가 귀찮은 날도 솔직히 있어요. 하지만 혼자라서 좋은 점도 있답니다. 제 생활에 맞춰 요리를 할 수 있어 무척 편하거든요. 실험적인 요리를 해 볼 수도 있고요. 레몬 소금 절임에 이 재료를 함께 사용해 보면 어떨까, 아니면 먹고 남은 회를 두드려서 뭔가를 넣고 말아 볼까. 이런 저런 고민을 하다 보면 기발한 레시피가 떠오르곤 한답니다. 혹시 실패하더라도 누군가에게 불평을 들을 일도 없지요.

무의 머리 부분을 잘라서 키우다가 가끔 된장국에 뜯어 넣기도 하고, 무 꽁지나 단호박 껍질을 이용해 또 다른 반찬을 만들어 볼까 하고 이것저것 궁리를 하면서 매일 즐겁게 요리를 하고 있어요.

단지 영양소를 섭취하기 위한 요리는 괴롭고 지루할 거예요. 스스로 놀이처럼 즐기지 않는다면 결코 혼자서 꾸준히 식사를 할 수 없답니다. 그래서 전 늘 채소가게에 들러 제철 채소를 구경하며 계절의 변화를 즐깁니다. 거기서부터 출발하는 거예요. 채소의 에너지를 느끼고 힘을 받아 열심히 고민하는 거지요. 오늘은 이 채소를 구워서 먹어 볼까, 아니면 예전에 먹었던 그 요리를 해 볼까 하고 말이지요. 저는 그런 자신을 위해 놀이를 한다는 생각으로 오늘도 부엌에 서서 자신만을 위한 요리를 하고 있습니다.

남은 바질이나 타임. 무 잎도 유리 병에 담아 키우는 중이다. 다행히 별 탈 없이 잘 자라고 있다.

남은 채소, 요리가 된다

초판 1쇄 인쇄 2015년 7월 1일 | **초판 1쇄 발행** 2015년 7월 6일
글쓴이 다니시마 세이코 | **옮긴이** 황세정
펴낸이 김명희 | **기획위원** 채희석 | **편집부장** 이정은 | **편집** 차정민 · 이선아
디자인 박두레 | **마케팅** 홍성우 · 김정혜 · 김화영 | **관리** 최우리
펴낸곳 다봄 | **등록** 2011년 1월 15일 제395-2011-000104호
주소 경기도 고양시 덕양구 고양대로 1384번길 35
전화 031-969-3073 | **팩스** 02-393-3858
전자우편 dabombook@hanmail.net

ISBN 979-11-85018-22-5 13590

이 도서의 국립중앙도서관 출판시도서목록(CIP)은 서지정보유통지원시스템 홈페이지(http://seoji.nl.go.kr)와
국가자료공동목록시스템(http://www.nl.go.kr/kolisnet)에서 이용하실 수 있습니다.(CIP제어번호: CIP2015016449)